普通高等学校适用教材

机械产品质量检测技术

主　编　林　红　李　胜

副主编　韦欢文　蒋正忠　黄才贵

中国质检出版社
中国标准出版社
北　京

图书在版编目（CIP）数据

机械产品质量检测技术/林红，李胜主编. —北京：中国
质检出版社，2019.1（2021.2 重印）
ISBN 978－7－5026－4686－8

Ⅰ.①机…　Ⅱ.①林…②李…　Ⅲ.①机械工程—产品
质量—质量检验—教材　Ⅳ.①TH－43

中国版本图书馆 CIP 数据核字（2018）第 294560 号

中国质检出版社
　　　　　　　　　　　　　　　　　　　　　出版发行
中国标准出版社
北京市朝阳区和平里西街甲 2 号（100029）
北京市西城区三里河北街 16 号（100045）
网址：www. spc. net. cn
总编室：(010) 68533533　发行中心：(010) 51780238
读者服务部：(010) 68523946
中国标准出版社秦皇岛印刷厂印刷
各地新华书店经销

*

开本 787×1092　1/16　印张 14.25　字数 314 千字
2019 年 1 月第一版　2021 年 2 月第二次印刷

*

定价：36.00 元

PREFACE 前 言

本书是基于应用技术大学教育理念，经过结构优化、整合而成的一部强调应用基础知识的机械类和质量管理类专业基础课程教材。

本书根据机械产品生产全过程不同阶段的特点，分为四章：第一章为"质量检验基础知识"，主要介绍质量检验的概念、种类、检验计划编制、抽样方法、数据记录和结果判定处理等；第二章为"进货检验"，主要阐述进货检验的概念、原材料相关知识、原材料检验、检验结果处理等；第三章为"过程检验"，主要阐述过程检验的概念、毛坯件的检验、热处理件的检验和典型机械零件的检验；第四章为"最终检验"，主要阐述表面处理的检验、装配检验、成品检测和包装检验。

本书的编写主要有以下特点：

◆ 基于生产全过程进行编写，便于质量管理工程等机械知识较少的专业学生理解。

◆ 不仅注重学生获取知识，而且力求体现学生分析能力的培养。

◆ 全面贯彻国家最新标准，如材料的标准、术语、符号及单位等。

◆ 坚持内容够用、重点突出的原则。

◆ 鉴于不同院校专业建设方向各异，本书在编写过程中注重机械检验技术和质量管理相结合，适当增加机械产品质量检验过程管理的知识，减少部分难度较大、专业性太强的检验知识，把检验技术与质量管理融为一体。这样不仅更为适合不同专业使用，而且可以根据专业特点灵活组织教学。

本书可作为高等学校机械类、近机械类和质量管理工程（机电方向）等专业机械产品质量检测课程的通用教材，也可作为职业培训教材供有关工程技术人员参考使用。

本书由林红、李胜主编，韦欢文、蒋正忠、黄才贵任副主编，并得到深圳国泰安教育技术股份有限公司潘静的指导。

本书得到广西质监系统科技计划（项目）资助，并得到参编学校领导的支持。本书编写过程中参考并引用了一些参考文献的内容和插图，编者在此向他们表示衷心的感谢！

　　培养技术应用型人才是教育教学改革中一项艰巨的系统工程，教材建设更是意义重大。由于编者水平有限，书中难免出现错误与不妥之处，敬请读者批评指正。

编　者

2018 年 12 月

CONTENTS 目 录

第一章
质量检验基础知识

第一节 质量检验的基本概念及工作程序

一、产品、质量及检验的定义

（一）产品

产品是活动或过程的结果。

我们把通过机械加工或以机械加工为主要方法生产出来的产品称为机械产品。例如，农业机械、重型矿山机械、工程机械、石化通用机械、电工机械、机床、汽车、仪器仪表、基础机械、包装机械、环保机械、其他机械等。

（二）质量

根据 GB/T 19000—2016《质量管理体系 基础和术语》的定义，质量是一组固有特性满足要求的程度。我们可以从质量对象、质量特性、质量要求等三个方面进行理解。

1. 质量对象

质量对象是产品、过程或体系。

一般可以将产品分为硬件、软件、流程性材料、服务四种类型，通常可以是有形的，（如硬件或流程性材料等），也可以是无形的（如软件或服务），或是它们的组合。多数产品含有不同的产品类型成分，一种产品属于硬件、流程性材料、软件还是服务，取决于其主导成分。也就是说组织提供的产品属于哪一种类别，取决于组织提供给顾客的产品中对顾客满意影响最大的占支配地位的成分。例如，汽车是由硬件(如轮胎)、流程性材料(如燃料、冷却液)、软件(如发动机控制软件、驾驶员手册)和服务(如付款方式或担保)所组成，但其主导部分是硬件。

2. 质量特性

质量特性是指与要求有关的产品、过程或体系的固有特性。

(1)质量特性

①硬件的质量特征。包括：内在特性，如结构、性能、精度等；外在特性，如外观、形状、色泽、气味、包装等；经济特性，如使用成本、维修时间和费用等；其他方面的特性，如安全、环保、美观等。

②软件的质量特性。包括：功能性、可靠性、易使用性、效率、可维护性和可移植性。

③流程性材料的质量特性。包括：定量的，如强度、黏性、速度、抗化学性等；也有定性的，如色彩、质地或气味等。

④服务质量特性。包括：可靠性，准确地履行服务承诺的能力；响应性，帮助顾客并迅速提供服务的愿望；保证性，员工具有的知识、礼节以及表达出自信与可信的能力；移情性，设身处地为顾客着想和对顾客给予特别的关注；有形性，有形的设备、设施、人员的统一着装等。

⑤机械产品质量特性。主要包括：产品性能指标、可靠性、维修性、安全性、适应性、经济性、时间性以及环境要求等方面。

(2)质量特性的分类

根据质量特性对顾客满意的影响程度不同，可将质量特性分为关键的、重要的和次要的三类。

关键的质量特性，指若超过规定的特性值要求，会直接影响产品的安全性和造成产品整机功能丧失的质量特性。

重要的质量特性，指若超过规定的特性值要求，会造成产品部分功能丧失的质量特性。

次要的质量特性，指若超过规定的特性值要求，暂不影响产品的功能，但可能会引起产品功能逐渐丧失的质量特性。

3. 质量要求

质量要求是对产品、过程或体系的固有特性的要求。

"要求"则指的是明示的、通常隐含的或必须履行的需求或期望。

"明示的需求"指的是文件中阐述的要求或顾客明确提出的要求，如规范、图样、报告、标准等。

"隐含的需求"指的是不言而喻的要求，包括超前需求的引导。它是指组织、顾客和其他相关方的惯例或一般做法，所考虑的需求或期望是不言而喻的，包括将潜在需求开发为现实需求、预测的未来需求。如化妆品对皮肤的保护性、人们对布料的花色和质地的喜好等。一般情况下，顾客和相关方的文件(如标准)中不会对这类要求给出明确的规定，组织应根据自身产品的用途和特性进行识别并做出规定。

(三)机械产品质量

机械产品质量是指工程机械产品实体满足明确或隐含需要的能力和特性的总和。

定义中产品质量的明确需要是指在标准、规范、图样、技术要求和其他文件中已经作出的规定要求，即产品制造者对产品质量的要求；而隐含需要是从顾客和社会的角度对产品质量提出的日益不断提高的期望要求。因此，机械产品质量的含义包括以下三个方面：

(1)最终产品质量，即成品质量。它是实体质量状态与产品设计技术性能指标的符合程度以及是否满足设计要求的具体表现。

(2)过程质量，即半成品质量。它反映了系统的技术状态水平与生产图样、技术文件的一致性。

(3)质量体系运行质量。它是一项保证最终产品质量和过程质量的重要质量活动，是改善和提高产品质量和过程质量的有效手段。

(四)检验

检验是对产品、过程或服务的一个或多个特性进行诸如测量、检查、试验或计量，并将其结果与规定的要求进行比较，以确定每项特性的合格情况所进行的活动。检验是人类生产活动的一个重要组成部分，其目的是要科学地揭示产品的特性，从而剔除那些不符合需要的产品，确保产品质量达到标准要求，同时为改进产品质量和加强质量管理提供信息。

随着工业生产的发展和质量管理工作不断创新，检验的含义和范围也在进一步扩延。例如，随着统计检验的实现，检验已由消极的事后把关变成积极的事先预防；检验是站在用户立场上，对产品质量进行验收把关，以保证用户得到质量满意的产品；检验从厂内扩展到厂外等。

机械产品的检验和试验方法，包括零件检验和产品性能试验两类。

零件检验包括化学分析、物理试验和几何量测量三项。而在物理试验中，包括机械性能试验、无损探伤和金相显微组织检验三项。

产品性能试验是对产品的基本功能及其各种使用条件下的适应性及其能力进行检查和测量。具体包括以下六项试验：功能、结构力学、空转、负载、人体适应性和安全性、可靠性及耐久性。

(五)检验、试验、检测、测量的区别

在企业里经常会发生将"检验""试验""检测"和"测量"这些词混淆的情况，要正确区分上述常用词汇概念之间的差异，需要从GB/T 19000—2016等基础标准入手。

在GB/T 19000—2016中，"检验"被定义为"对符合规定要求的确定"，并加注"显示合格的检验结果可用于验证的目的；检验的结果可表明合格、不合格或合格的程度"。从

定义可以看出检验强调"符合"性。检验不仅提供数据，还须与规定要求进行比较后，作出合格与否的判定。

"试验"又称"测试"，是为了查看产品的特性或性能所进行的测量、度量和分类活动。在 GB/T 19000—2016 中，"试验"被解释为"按照要求对特定的预期用途或应用的确定"。由此可知，"试验"仅是一项技术操作，它只需要按规定程序操作，提供所测结果，在没有明确要求时，不需要给出检测数据合格与否的判定。产品试验，通常有产品性能试验(如空转试验、负荷试验和功能试验等)、环境条件试验(如高、低温试验，防腐试验，密封试验和老化试验等)，以及可靠性试验等。

"检测"是检验和测试的总称。在实际工作中，检验包含了大量的测试工作，因此常把检验和测试总称为检测。试验作为检验过程中一个步骤，常在检验规范中作出明确规定。

"测量"是指为了确定被测对象的量值所进行的全部操作。测量的实质是将被测几何量与作为计量单位的标准量进行比较，从而确定被测几何量与计量单位的倍数(以得到被测量大小)的过程。完整的测量过程应包括测量对象、计量单位、测量方法和测量精度四个方面。

二、质量检验的职能

在产品质量形成的全过程中，为了最终实现产品的质量要求，必须对所有影响质量的活动进行适宜而连续的控制，而各种形式的检验活动正是这种控制必不可少的条件。质量检验作为一个重要的职能，其表现可概括为六个方面：鉴别、把关、预防、报告、改进、监督。

1. 鉴别的职能

根据技术标准、产品图样、作业(工艺)规程或订货合同、技术协议的规定，采用相应的检测、检查方法，观察、试验和测量产品的质量特性，判定产品质量是否符合规定的要求，这是质量检验的鉴别功能。鉴别是"把关"的前提，通过鉴别才能判断产品质量是否合格。不进行鉴别就不能确定产品的质量状况，也就难以实现质量"把关"。因此，鉴别功能是质量检验各项功能的基础。

2. 把关的职能

把关是质量检验最基本的职能，也可称为质量保证职能。这一职能是质量检验出现时就已经存在的，即使是生产自动化高度发展的将来，检验的手段和技术有所发展和变化，质量检验的把关作用，仍然是不可缺少的。企业的生产是一个复杂的过程，人、机、料、法、环、测(5M1E)等诸要素，都可能使生产状态发生变化，各个工序不可能处于绝对的稳定状态，质量特性的波动是客观存在的，要求每个工序都保证生产100%的合格品，实际上是不可能的。因此，通过检验实行把关职能，是完全必要的。随着生产技术的不断提高和管理工作的完善化，可以减少检验的工作量，但检验仍然必不可少。只有通过检验，实行严格把关，做到不合格的原材料不投产，不合格的半成品不转序，不合格的零部件不组装，不合格的产品不出厂，才能真正保证产品的质量。

3. 预防的职能

现代质量检验区别于传统检验的重要之处，在于现代质量检验不单纯是起把关的作用，同时还起预防的作用。

检验的预防作用主要表现在以下两个方面：

(1)通过工序能力的测定和控制图的使用起到预防作用

众所周知，无论是工序能力的测定或使用控制图，都需要通过产品检验取得一批或一组数据，进行统计处理后方能实现。这种检验的目的，不是为了判断一批或一组产品是否合格，而是为了计算工序能力的大小和反映生产过程的状态。如发现工序能力不足，或通过控制图表明生产过程出现了异常状态，则要及时采取技术组织措施，提高工序能力或消除生产过程的异常因素，预防不合格品的发生。事实证明，这种检验的预防作用是非常有效的。

(2)通过工序生产中的首检与巡检起预防作用

当一批产品处于初始加工状态时，一般应进行首件检验(首件检验不一定只检查一件)，当首件检验合格并得到认可时，方能正式成批投产。此外，当设备进行修理或重新进行调整后，也应进行首件检验，其目的都是为了预防出现大批不合格品。正式成批投产后，为了及时发现生产过程是否发生了变化，有无出现不合格品的可能，还要定期或不定期到现场进行巡回抽查(即巡检)，一旦发现问题，应及时采取措施予以纠正，以预防不合格品的产生。

4. 报告的职能

报告的职能也就是信息反馈的职能。这是为了使高层管理者和有关质量管理部门及时掌握生产过程中的质量状态，评价和分析质量体系的有效性。为了能作出正确的质量决策，了解产品质量的变化情况，必须把检验结果，特别是计算所得的指标，用报告形式反馈给管理决策部门和有关管理部门，以便其作出正确的判断和采取有效的决策措施。报告的主要内容包括以下几个方面：

(1)原材料、外购件、外协件进厂验收检验的情况和合格率指标；

(2)产品出厂检验的合格率、返修率、报废率、降级率以及相应的金额损失；

(3)按车间和分小组的平均合格率、返修率、报废率、相应的金额损失及排列图分析；

(4)产品报废原因的排列图分析；

(5)不合格品的处理情况报告；

(6)重大质量问题的调查、分析和处理报告；

(7)改进质量的建议报告；

(8)检验人员工作情况报告，等等。

5. 改进的职能

质量检验参与质量改进工作，是充分发挥质量把关和预防作用的关键，也是检验部门参与质量管理的具体体现。

质量检验人员一般都是由具有一定生产经验、业务熟练的工程技术人员或技术工人担任。他们熟悉生产现场，对生产中人、机、料、法、环、测等因素有比较清楚的了解。因此，对质量改进能提出更切实可行的建议和措施，这也是质量检验人员的优势所在。实践证明，特别是设计、工艺、检验和操作人员联合起来共同投入质量改进，能够取得更好的效果。

6. 监督的职能

质量监督是市场经济和质量保证的客观要求，而这种监督是以检验为基础的。从微观和宏观管理出发，质量监督主要分为以下五个方面。

（1）自我监督

企业通过内部检验系统对原材料和外购件进行把关的质量监督；对产品设计质量的监督；对产品形成过程的质量监督；对产品进入流通领域的质量监督等。

（2）用户监督

企业通过建立和完善用户满意度评价体系，定期对用户进行调查和访问，以得到产品进入流通领域之后用户对质量的直接评价。这种用户的直接评价可为企业不断改进目标和策略提供科学依据。

（3）社会监督

企业通过各种形式和渠道，积极参与和配合消费者的民间团体组织，对自身产品和服务质量进行评价，以真正体现企业的社会责任。

（4）法律监督

市场经济就是法制经济。企业通过认真学习和遵守法律制度正确地约束自身的经营行为和维护自身的合法权益。同时，消费者以及全社会通过《中华人民共和国产品质量法》《中华人民共和国食品安全法》《中华人民共和国药品管理法》《中华人民共和国计量法》《中华人民共和国民法通则》《中华人民共和国经济合同法》《中华人民共和国民事诉讼法》《中华人民共和国行政诉讼法》《中华人民共和国刑法》《中华人民共和国反不正当竞争法》《中华人民共和国消费者权益保护法》和《中华人民共和国仲裁法》等相关法律监督和规范社会各类质量行为，以保护国家和生产者、销售者以及广大消费者的合法权益。

（5）国家监督

国家监督是指由国家授权，以第三方公正机构所进行的质量监督。例如，国家商检部门对进出口产品的质量标准所进行的检查监督等。此外，国家对主要工业产品，例如，食品、生活日用品等实行定期和不定期的抽查监督，起到监督企业经营行为、保护消费者合法权益、维护社会经济秩序的重要作用。

三、质量检验的方式

质量检验的方式可按以下方法划分。

（一）按检验的数量划分

按照检验数量划分，质量检验可分为全数检验、抽样检验和免检。

1. 全数检验

全数检验又称为"百分之百检验"，是指产品形成全过程中，对全部单一成品、中间产品的质量特性进行逐个(台)检验。检验后，根据检验结果对单一(个、台)产品作出合格与否的判定。

全数检验的主要优点：这种方式，一般来说比较可靠，且能提供较为完整的检验数据，获得较全面的质量信息。通常要想检验后获得到百分之百的合格品，唯一可行的办法就是进行全检，甚至一次以上的全检。

全数检验的主要缺点：全数检验的工作量较大，检验周期长，检验成本高，同时要求检验人员和检验设备较多。而且，由于检验人员长期重复检验，容易产生疲劳。加之工作枯燥和检验人员技术检验水平的限制，以及检验工具的迅速磨损，容易导致较大的漏检率和错检率。据国外统计，这种漏检率和错检率有时可能会达到10%～15%。另外，全数检验不适合破坏性的检验项目。

通常全数检验适用于以下几种场合：

(1)非破坏性的检验；

(2)产品主要质量特性不多，检验费用较少的检验；

(3)关键项目或重要项目的检验；

(4)批量不大，不必进行抽样检验的检验；

(5)精度要求较高的产品的检验；

(6)能够用自动化方法进行的检验；

(7)质量不稳定的产品或过程的检验等。

2. 抽样检验

抽样检验简称抽检，是指根据数理统计原理所预先制定的抽样方案。从交验的一批产品中，随机抽取部分样品进行检验，根据检验结果，按照规定的判断准则，判定整批产品是否合格，并决定是接收还是拒收该批产品。

抽样检验的主要优点：明显节约了检验工作量和检验费用，缩短了检验周期，减少了检验人员和设备。特别是属于破坏性检验时，只能采取抽样检验的方式。

抽样检验的主要缺点：有一定的错判风险。例如，将合格判为不合格，或把不合格错判为合格。虽然运用数理统计理论，在一定程度上减少了风险，提高了可靠性，但只要使用抽检方式，这种风险就不可能绝对避免。

通常抽样检验适用于以下几种场合：

(1)生产批量大、自动化程度高、产品质量比较稳定的产品或过程检验；

(2)带有破坏性检验的产品和工序；

(3)外协件、外购件成批进货的验收检验；

(4)某些生产效率高、检验时间长的产品或过程检验；

(5)检验成本太高的产品或过程检验；

(6)作为过程控制的检验等。

3. 免检

免检也称为"全数不检验"，通常是以事前获得的质量信息与技术信息为依据，可以不对样本进行测量、试验就判为合格的一种产品验收方式。这是对质量高、信誉好的产品制造厂家的一种信任和鼓励，目的是促使企业更加重视质量，保证提供的产品质量稳定和不断提高。使用这种检验方法时，要求工序是处于管理状态。如果工序多少有些不稳定，也必须以能满足质量要求为限。

"全数不检验"方法不适宜用在以下场合：

（1）检验项目涉及安全时。假如检验项目属于致命缺陷的项目，并可能危及人的生命时，不应省略检验。

（2）不良品能引起巨额损失时。在万一因不良品发生了实际损失，而损失额足以达到威胁企业生存的程度，纵然因增加检验费用而损失掉企业经营的预期收益也不能省略检验。或者不良品将对企业声誉有巨大影响时也不宜省略检验。所以，免检通常只能在企业正常经营收益的允许范围内采用。

（二）按质量特性值划分

按质量特性，质量检验可分为计数检验和计量检验。

1. 计数检验

计数检验包括检查和计点检查，只记录不合格数（或点），不记录检测后的具体测量数值，特别是有些质量特性本身很难用数值表示，如产品的外形是否美观，食物的味道是否可口等，它们只能通过感官判断是否合格。还有一类质量特点，如产品的尺寸等虽然可以用数值表示，也可以进行测量，但在大批量生产中，为了提高效率、节约人力和费用，常常只用"通端"和"止端"的卡规检查是否在上下公差范围以内，也就是只区分合格与不合格品，而不测量实际的尺寸大小。

2. 计量检验

计量检验就是测量和记录质量特性的数值，并根据数值与标准对比，判断是否合格。这种检验在工业生产中是大量而广泛存在的。

（三）按检验技术方法划分

根据检验方法，质量检验分为理化检验和感官检验。

1. 理化检验

理化检验是借助物理、化学的方法，使用某种测量工具或仪器设备，如千分尺、游标卡尺、显微镜等进行检验。理化检验的特点是通常都能够得到具体的数值。人为误差小而且有条件时，要尽可能地采用理化检验。

2. 感官检验

感官检验是由人体各种感觉器官（眼、耳、舌、鼻、手等）对产品的质量进行评价并判断。例如，对产品的形状、颜色、味道、气味、伤痕、老化程度等，通常是依靠人的视觉、听觉、触觉和嗅觉等感觉器官进行检查的，并判断质量的好坏或是否合格。

感官检验根据检验对象和人感受刺激的方式不同可以分为两类：一类是嗜好型官能检

验，如美不美、香不香，这类由人的感觉本身作为判断对象的检验往往因人而异，因为每个人的嗜好可能不同，如每个人都有不同的审美观，对同一事物，其判断的结果可能有所不同。也就是说，这类检验往往有较强的主观意愿。另一类是分析型感官检验，即通过人的感觉器官来分析和判断产品的质量特性。比如要检测某一设备运转后主轴的发热程度，如果没有合适的温度计，就要通过检验人员用手抚摸的触觉来判断大致的温度。再比如用小锤敲击车厢下的弹簧等，听声音判断是否有破裂损坏，对照表面粗糙度样块判断产品表面粗糙度等级等，均属分析型感官检验。分析型感官检验有的采用标准样品作为比较和判断的基准，但判断的准确性与检验员的实践经验相关。

（四）按检验后检验对象的完整性划分

按检验后检验对象的完整性，质量检验可分为破坏性检验和非破坏性检验。

1. 破坏性检验

有些产品的检验带有破坏性，就是产品检验后本身不复存在或是被破坏的不能再使用了。如炮弹等军工用品试验、热处理后零件的性能试验、电子管或其他元件的寿命试验、布匹的材料的强度试验等，都是属于破坏性检验。破坏性检验只能采用抽检的形式。其主要矛盾是如何实现可靠性和经济性的统一，也就是寻求一定可靠又使检验数量最少的抽检方案。

2. 非破坏性检验

顾名思义，非破坏性检验就是检查对象被检查后仍然完整无缺，丝毫不影响其使用性能，如机械零件的尺寸等大多数检验，都属于非破坏性检验。目前，由于无损检查的发展，非破坏性检验的范围不断扩大。

（五）按检验的地点划分

按检验的地点，质量检验可分为固定检验和流动检验。

1. 固定检验

固定检验即为集中检验，是指在生产企业内设立固定的检验站，各工作现场的产品加工以后送到检验站集中检验。这种检验站可以是车间公共的检验站，各工段、小组或工作地上的产品加工以后，都依次送到检验站去检验；也可以设置在流水线或自动线的工序之间或"线"的终端。后一种检验站属于专门的，并构成生产线的有机组成部分，只固定某种专门的检验。

固定的检验站，适于使用某些不便搬动的或精密的计量仪器，有利于建立较好的工作环境，有利于检验工具或设备的使用和管理。但固定的检验站，从心理学的观点看，容易造成检验工人与生产工人之间的对立情绪，生产工人把产品送去检验看成是"过关"。同时在检验站内，容易造成待检与待检、待检与完检、完检与完检零件之间的存放混乱，占用较大的存放面积。所以是否采用固定式检验，要根据具体情况处理。

2. 流动检验

流动检验即流动检查，也称巡回检验、临床检查，是检验员在生产现场按一定的时间间隔对有关工序的产品质量和加工工艺进行的监督检验。流动检验的重点是关键工序。

流动检查有以下优点：

（1）有利于搞好检验人员与生产工人之间的关系。因为检验人员到工作地区检查，如果态度好，并指出工作操作中的问题，减少不合格的产生，生产工人体会到检验人员不只是检查自己的工作，而是为自己服务，体现了同志式的合作关系，并减少了出现废品而造成自己的经济损失。

（2）有预防作用。检验人员按加工时间顺序到工作地上区检查，容易及时发现生产过程中的变化，预防成批废品的出现。

（3）可以节省被检零件的搬运和取送，防止磕碰、划伤等损坏现象的发生。

（4）可以提高生产效率，节省操作者在检验站的排队待检的时间。

（5）检验人员当着生产工人的面进行检查，操作者容易了解出现的质量问题，并容易相信和接受检验人员的检查结果，减少相互之间的矛盾和不信任感。

（六）按检验目的划分

按检验目的，质量检验可分为生产检验、验收检验、监督检验、验证检验和仲裁检验。

1. 生产检验

生产检验是指生产者为了维护企业的经营，达到保证质量的目的而对原料、半成品和成品等进行的检验活动。其主要任务是根据设计图样或技术标准的要求，对产品质量形成的全过程进行经常性的预防检验，对最终产品进行质量把关检验，并签发出厂合格证。它是企业对内对外质量保证的重要手段，是企业质量管理和质量体系的要素之一，主要能起到评价、把关、预防、信息反馈等作用。

2. 验收检验

验收检验是指产品的使用方（顾客或需方）接收生产方（供方）交付的产品所进行的检验。目的是为了保证接受的产品质量满足采购（订货）规定的要求。

3. 监督检验

监督检验是指经各级政府主管部门所授权的独立检验机构，按质量监督管理部门制定的计划，从市场抽取商品或直接从生产企业抽取产品所进行的市场抽查监督检验。监督检验的目的是为了对投放市场且关系国民生计的商品实施宏观监控。

4. 验证检验

验证检验指各级政府主管部门所授权的独立检验机构，从企业生产的产品中抽取样品，通过检验验证企业所生产的产品是否符合所执行的质量标准要求的检验。如产品质量认证中的型式试验就属于验证检验。

5. 仲裁检验

仲裁检验是指供需双方因交付产品质量引发争议时，由有资质的检验机构所进行的检验，目的是向仲裁有关的委托方提供证实产品的技术证据。

（七）按供需关系划分

按供需关系，质量检验可分为第一方检验、第二方检验和第三方检验。

1. 第一方检验（生产方检验）

第一方检验实际就是生产检验，是生产企业为了及时发现生产中的不合格品，不使其流入下道工序，确保出厂产品质量符合要求而实施的检验。对整个社会生产活动来说，生产方检验是保证产品质量的基础环节之一。这一环节抓好了，才能确保社会生产活动的经济效益。

2. 第二方检验（消费者和买方检验）

第二方检验实际就是进货检验（买入检验）和验收检验。是买方为了保证所买到的产品符合质量要求而进行的检验，目的是保护自身的经济利益。通过验收检验，把及时发现的质量问题，提供给生产方，又可弥补第一方检验的不足，也是获取改进产品质量信息的重要渠道。

3. 第三方检验（国家监督检验、第三方仲裁检验）

第三方检验包括监督检验、验证检验、仲裁检验等。实施第三方检验，通常有两种情况：第一种是当买卖双方发生质量争议需要仲裁时，由具有权威性的第三方作仲裁检验；第二种是国家为了监督质量方针、政策、标准的贯彻执行，指导和控制经济活动的健康发展而进行的质量监督检验。由于监督检验具有科学性、公正性和不盈利性原则，所以它比其他检验具有更高的权威性。因此，监督检验在法律上具有更强的仲裁性。

四、质量检验管理制度

在质量管理中，加强质量检验的组织和管理工作是十分必要的。我国在长期管理实践中已经积累了一套行之有效的质量检验的管理原则和制度。

（一）三检制

三检制就是实行操作者自检、工人之间互检和专职检验人员专检相结合的一种检验制度。

1. 自检

自检就是生产者对自己所生产的产品，按照图纸、工艺和合同中规定的技术标准自行进行检验，并作出产品是否合格的判断。这种检验充分体现了生产工人必须对自己生产的产品质量负责。通过自我检验，使生产者充分了解自己生产的产品在质量上存在的问题，并开动脑筋寻找出现问题的原因，进而采取改进措施，这也是工人参与质量管理的重要形式。

2. 互检

互检就是生产工人相互之间进行检验。互检主要有：下道工序对上道工序流转过来的半成品进行检验；同一机床、同一工序交接班时进行相互检验；小组质检员或班组长对本小组工人加工出来的产品进行抽检等。这种检验不仅有利于保证加工质量，防止疏忽大意而造成成批地出现废品，而且有利于搞好班组团结，加强工人之间良好的群体关系。

3. 专检

专检就是由专业检验人员进行的检验。专业检验是现代化大生产劳动分工的客观要求，它是自检和互检不能取代的。而且三检制必须以专业检验为主导，首先这是由于现代生产中，检验已成为专门的工种和技术，专职检验人员对产品的技术要求、工艺知识和检验技能，都比生产工人熟练，所用检测仪器也比较精密，检验结果比较可靠，检验效率也比较高；其次，由于生产工人有严格的生产定额，定额又同奖金挂钩，所以容易产生错检和漏检，有时操作者的情绪也有影响。那种以相信群众为借口，主张完全依靠自检，取消专检，是既不科学，也不符合实际的。

实行专检与自检、互检相结合的制度，是工人参加质量管理的一种有效形式，它充分体现了企业中工人主人翁的地位，有利于调动生产工人的积极性，促进生产工人重视产品质量，自觉把好产品质量关，有利于减轻专职检验员的工作量，能使专职检验员集中精力抓好关键产品、关键工序的质量检验。

那么，如何实行三检制呢？首先需要合理确定专检、自检、互检的范围。一般说来，进货检验、半成品流转与成品最终检验应以专职检验为主；工序检验则可以根据不同情况区别对待，由生产工人自检、互检或者由专职检验员负责检验。在工人自检、互检情况下，还要辅以专职检验员的巡回抽检。实行工人自检、互检时，一般还需考虑以下几点：在生产工人岗位责任制中作出明确规定；现场提供必要的条件和手段，例如检验标准和检验工具等；健全原始记录制度，在工作票据等原始票证中，要有自检、互检记录栏目；要有考核办法，要列入生产工人经济责任制考核内容，做到有奖有罚。

（二）重点工序双岗制

重点工序双岗制就是指操作者在进行重点工序加工时，还同时应有检验人员在场，必要时应有技术负责人或用户的验收代表在场，监视工序必须按规定的程序和要求进行。这里所说的重点工序是指加工关键零部件或关键部位的工序，可以是作为下道工序加工基准的工序，也可以是工序过程的参数或结果无记录、不能保留客观证据、事后无法检验查证的工序。实行双岗制的工序，在工序完成后，操作者、检验员或技术负责人和用户验收代表，应立即在工艺文件上签名，并尽可能将情况记录存档，以示负责和供以后查询。

（三）留名制

留名制是指在生产过程中，从原材料进厂到成品入库出厂，每完成一道工序，改变产品的一种状态，包括进行检验和交接、存放和运输，责任者都应该在工艺文件上签名记录，以示负责。特别是在成品出厂检验单上，检验员必须签名或加盖印章。这是一种重要的技术责任制。操作者签名表示按规定要求完成了这道工序，检验者签名表示该工序达到了规定的质量标准。签名后的记录文件应妥为保存，以便以后查询。

（四）质量复查制

质量复查制是指有些生产重要产品的企业，为了保证交付产品的质量或参加试验的产品稳定可靠、不带隐患，在产品检验入库后的出厂前，要请产品设计、生产、试验及技术部门的人员进行复查。

（五）追溯制

追溯制也叫跟踪管理，就是在生产过程中，每完成一个工序或一项工作，都要记录其检验结果及存在问题，记录操作者及检验者的姓名、时间、地点及情况分析，在产品的适当部位作出相应的质量状态标志。这些记录与带标志的产品同步流转。需要时，很容易追溯到责任者的姓名、时间和地点，职责分明，查处有据，这可以极大地加强员工的责任感。

（六）质量统计和分析制

质量统计和分析就是指企业的车间和质量检验部门，根据上级要求和企业质量状况，对生产中各种质量指标进行统计汇总、计算和分析，并按期向有关部门上报，以反映生产中产品质量的变动规律和发展趋势，为质量管理和决策提供可靠的依据。统计和分析的指标主要有：抽检合格率、产品质量等级品率、成品装配的一次合格率、机械加工废品率、返修率等。

（七）不合格品管理制

不合格品管理不仅是质量检验也是整个质量管理工作的重要内容。对不合格品的管理要坚持"三不放过"原则，即不查清不合格的原因不放过；不查清责任者不放过；不落实改进措施不放过。这一原则是质量检验工作的重要指导思想，坚持这种思想，才能真正发挥检验工作的把关和预防的作用。对不合格品的现场管理主要做好两项工作：一是对不合格品的标记工作，即凡是检验为不合格的产品、半成品或零部件，应当根据不合格品的类别，分别涂以不同的颜色或作出特殊标记，以示区别；二是对各种不合格品在涂上标记后应立即分区进行隔离存放，避免在生产中发生混乱。对不合格品的处理有以下方法：①报废；②返工；③返修；④原样使用，也称为直接回用。

（八）质量检验考核制

在质量检验中，由于主客观因素的影响，产生检验误差是很难避免的，甚至是经常发生的。据国外资料介绍，检验人员对缺陷的漏检率有时可高达15%～20%。

1. 检验误差

检验误差可分为：

(1)技术性误差。指由于检验人员缺乏检验技能造成的误差。

(2)情绪性误差。指由于检验人员马虎大意、工作不细心造成的检验误差。

(3)程序性误差。指由于生产不均衡、加班突击及管理混乱所造成的误差。

(4)明知故犯误差。指由于检验人员动机不良造成的检验误差。

2. 测定和评价检验误差的方法

测定和评价检验误差的方法主要有：

(1)重复检查。是由检验人员对自己检查过的产品再检验一到两次，查明合格品中有多少不合格品及不合格品中有多少合格品。

(2)复核检查。由技术水平较高的检验人员或技术人员，复核检验已检查过的一批合格品和不合格品。

（3）改变检验条件。为了解检验是否正确，当检验人员检查一批产品后，可以用精度更高的检测手段进行重检，以发现检测工具造成检验误差的大小。

（4）建立标准品。用标准品进行比较，以便发现被检查过的产品所存在的缺陷或误差。

由于各企业对检验人员工作质量的考核办法各不相同，还没有统一的计算公式；又由于考核是同奖惩挂钩，各企业的情况各不相同，所以很难采用统一的考核制度。但在考核中一些共性的问题必须注意，就是质量检验部门和人员不能承包企业或车间的产品质量指标，再就是要正确区分检验人员和操作人员的责任界限。

五、质量检验工作程序

（一）质量检验按过程分类

GB/T 19000—2016 中对"程序"的定义为：为进行某项活动或过程所规定的途径。

程序可以形成文件，也可以不形成文件。当程序形成文件时，通常称为"书面程序"或"形成文件的程序"。含有程序的文件可称为"程序文件"。

产品质量是在产品生产的全过程中形成的，我们只有对产品制造工艺流程中各道工序进行检验，严格把关，才能保证最终出厂的产品质量（见图 1-1）。

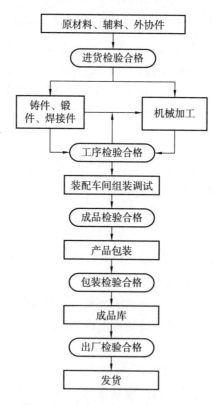

图 1-1　产品制造工艺流程示意图

质量检验按产品生产过程的次序分为进货检验、过程检验和最终检验。

1. 进货检验

进货检验主要是指企业购进的原材料、外购配套件和外协件入厂时的检验，这是保证生产正常进行和确保产品质量的重要措施。为了确保外购物料的质量，入厂时的验收检验应配备专门的质检人员，按照规定的检验内容、检验方法及检验数量进行严格认真的检验。

进货检验包括首件(批)样品检验和成批进货检验两种。

(1)首件(批)样品检验

首件(批)样品检验是企业对供应商提供的样品的鉴定性检验认可。检验的目的，主要是对供应单位所提供的产品质量水平进行评价，并建立具体的衡量标准。所以首件(批)检验的样品，必须对今后的产品有代表性，以便作为以后进货的比较基准。通常在以下四种情况下应对供货单位进行首件(批)检验：

①按合同执行，首次交货；

②设计或产品结构有重大变化；

③工艺方法有重大变化，如采用了新工艺或特殊工艺方法，也可能是停产很长时间后重新恢复生产；

④对供货质量有新的要求。

(2)成批进货检验

成批进货检验是以供应单位正常交货时对成批物资进行验收检验，其目的是防止不符合质量要求的原材料、外购件和外协件等进入生产过程，并为稳定正常的生产秩序和保证产品质量提供必要的条件。这也是对供应单位质量保证能力的连续性评定的重要手段。

成批进货检验可按不同情况分为 A、B、C 三类。A 类是关键的，必检；B 类是重要的，可以全检或抽检；C 类是一般的，可以实行抽检或免检。这样既保证质量，又可减少检验工作量。成批进货检验既可在供货单位进行，也可在购货单位进行，但为保证检验的工作质量，防止漏检和错检，一般应制定《入库检验指导书》或《入库检验细则》，其形式和内容可根据具体情况设计或规定。进货物料经检验合格后，检验人员应做好检验记录并在入库单上签字或盖章，及时通知库房收货，做好保管工作。如检验后不合格，应按不合格品管理制度办好全部退货或处理工作(退货或处理具体工作可由归口责任部门负责)。对于原材料、辅材料的入厂检验，往往要进行理化检验，如分析化学成分、机械性能试验、全面组织鉴定等工作，验收时要着重材质、规格、批号等是否符合规定。

2. 工序检验

工序检验也称过程检验，是指在生产过程中，对所生产产品(软件、硬件、服务、流程性材料等)以各种质量控制手段并根据产品工艺要求对其规定的参数进行的检测检验。其目的是对产品质量进行控制，防止出现大批不合格品，避免不合格品流入下道工序。因此，过程检验不仅要检验产品，还要检验影响产品质量的主要工序要素(如人、机、料、法、环、测)。实际上，在正常生产成熟产品的过程中，任何质量问题都可以归结为 5M1E 中的一个或多个要素出现变异导致，因此，过程检验可起到两种作用：一是根据检测结果对产品作出判定，即产品质量是否符合规格和标准的要求；二是根据检测结果对工序作出判定，即过程各个要素是否处于正常的稳定状态，从而决定是否应该继续进行生产。为了达到这一目的，过程检验中常常与控制图相结合使用。

过程检验包括首件检验、巡回检验和末件检验三种。

（1）首件检验

首件检验也称为"首检制"。长期实践经验证明，首检制是一项尽早发现问题、防止产品成批报废的有效措施。通过首件检验，可以发现诸如工夹具严重磨损或安装定位错误、测量仪器精度变差、看错图纸、投料或配方错误等系统性问题，从而采取纠正或改进措施，以防止批次性不合格品发生。

首件检验一般采用"三检制"的办法，即操作工人实行自检，班组长或质量员进行复检，检验员进行专检。首件检验后是否合格，最后应得到专职检验人员的认可。检验员对检验合格的首件产品，应打上规定的标记，并保持到本班或一批产品加工完为止。对大批大量生产的产品而言，"首件"并不限于一件，而是要检验一定数量的样品。

（2）巡回检验

巡回检验就是检验人员按一定的时间间隔和路线，依次到工作地或生产现场，用抽查的形式，检查刚加工出来的产品是否符合图纸、工艺或检验指导书中所规定的要求。在大批大量生产时，巡回检验一般与控制图相结合使用，对生产过程发生异常状态实行报警，防止成批出现废品。

当巡回检验发现工序有问题时，应进行两项工作：

一是寻找工序不正常的原因，并采取有效的纠正措施，以恢复其正常状态；

二是对上次巡检后到本次巡检前所生产的产品，全部进行重检和筛选，以防不合格品流入下道工序（或用户）。

巡回检验是按生产过程的时间顺序进行的，因此有利于判断工序生产状态随时间过程而发生的变化，这对保证整批加工产品的质量是极为有利的。为此，工序加工出来的产品应按加工的时间顺序存放，这一点很重要，但常被忽视。

（3）末件检验

对本班次生产线或生产设备的末件进行检验，确保生产结束后产品质量仍在合格状态，同时对下一个班次的首件生产进行保证。末检的作用是预防生产过程中的变异，缩小风险品锁定范围，主要是考察生产线的边锋差，因为通常末尾的质量不稳定。

过程检验是保证产品质量的重要环节，但如前所述，过程检验的作用不是单纯的把关，而是要同工序控制密切地结合起来，判定生产过程是否正常。

过程检验要同质量改进密切联系，把检验结果变成改进质量的信息，从而采取质量改进的行动。

过程检验中要充分注意两个问题：一个是要熟悉《工序质量表》中所列出的影响加工质量的主导性因素；其次是要熟悉工序质量管理对过程检验的要求。《工序质量表》是工序管理的核心，也是编制《检验指导书》的重要依据之一。《工序质量表》一般并不直接发到生产现场去指导生产，但应根据《工序质量表》来制定指导生产现场的各种管理图表，其中包括检验计划。

对于确定为工序管理点的工序，应作为过程检验的重点，检验人员除了应检查监督操作工人严格执行工艺操作规程及工序管理点的规定外，还应通过巡回检查，检查质量管理点的质量特性的变化及其影响的主导性因素，核对操作工人的检查和记录以及打点是否正确，协助操作工人进行分析和采取改正措施。

3. 最终检验

最终检验分为半成品的最终检验和成品的最终检验两种情况。

对于半成品来说，往往是指零部件入库前的检验。半成品入库前，必须由专职的检验人员，根据情况实行全检或抽检，如果在工序加工时生产工人实行 100% 的自检，一般在入库前可实行抽样检验，否则应由专职检验人员实行全检后才能接收入库。但有的企业在实行抽样检验时，如发现不合乎要求，也要进行全检，重新筛选。

成品的最终检验即成品检验，是对完工后的产品进行全面的检查与试验。其目的是防止不合格品流到用户手中，避免对用户造成损失，也是为了保护企业的信誉。对于制成成品后立即出厂的产品，成品检验也就是出厂检验；对于制成成品后不立即出厂，而需要入库贮存的产品，在出库发货以前，尚需再进行一次出厂检查。成品检验的内容包括：产品性能、精度、安全性和外观。只有成品检验合格后，才允许对产品进行包装。

（二）质量检验的岗位与工作流程

1. 质量检验岗位

质量检验的岗位主要有：

（1）进料品质控制（Income Quality Control，IQC）；

（2）制造过程品质控制（Inspection Process Quality Control，IPQC），也称"制程品管"；

（3）最终品质控制（Final Quality Control，FQC）；

（4）出货品质控制（Outgoing Quality Control，OQC）。

2. 质量检验的工作程序

检验是人类生产活动的一个重要组成部分，其目的是要科学地揭示产品的特性，从而剔除那些不符合需要的产品，确保产品质量达到标准要求，同时为改进产品质量和加强质量管理提供信息。在工业企业中，所有检验活动实际上都有如下一个完整的工作过程：定标、抽样、检查、比较、判定、处理。

（1）定标是指检验前应根据合同或标准明确技术要求，掌握检验手段和方法以及产品合格判定原则，制定检验计划。

（2）抽样是按合同或标准规定的抽样方案随机抽取样品，使样本具有充分代表性。

（3）检查是在规定的环境条件下，用规定的检验设备和检验方法检测样品的质量特性。

（4）比较是将检查结果同技术要求比较，衡量其结果是否符合质量要求。

（5）判定是指依据比较的结果，判定样品合格数，进而由批合格判定原则判定商品批是否合格，并作出是否接收的结论。

（6）处理是对检验结果出具检验报告，反馈质量信息，并对不合格品及不合格批分别作处理。

复习思考题

1. 检验的质量职能有哪些?
2. 质量检验的方式主要有哪些?
3. 什么是三检制?
4. 为什么要建立质量检验的追溯机制?
5. 为什么要对不合格品的管理坚持"三不放过"原则?
6. 按照产品生产过程分,质量检验工序有哪几道?
7. 最终检验和出厂检验有什么区别?
8. 简述质量检验的工作过程。

第二节 质量检验的依据

一、概述

质量检验工作的依据是开展质量检验工作时所涉及的各种技术文件,这些技术文件必须是现行的、有效的。应根据产品生产的不同阶段,配齐不同的质量检验用技术文件。例如,产品试制阶段,应配齐试制用产品图样、有关技术标准;成批生产阶段,应配齐正式投产用产品图样、产品技术标准、工艺规程及有关的国家标准及行业标准等。

(1)设计部门提供的文件:产品技术标准;产品图样(成套的);产品制造与验收技术条件;关键件与易损件清单;产品使用说明书;产品装箱单中有关备品品种与数量清单等。

(2)工艺部门提供的文件:工艺规程;检验规程;工艺装备图样;工序控制点的有关文件等。

(3)销售部门提供的文件:产品订货合同中有关技术与质量要求;顾客特殊要求等。

(4)标准化部门提供的文件:有关的国家标准;有关的行业标准;有关的企业标准;有关标准化方面的资料等。

当对设计文件或工艺文件进行修改时,应及时对质量检验部门使用的设计文件或工艺文件及相关检验文件一并进行修改,以保证质量检验部门使用的各类质量检验用的技术文件长期处于有效并符合"完整、正确、齐全和统一"的要求,确保质量检验依据的正确。

二、质量检验依据的种类

产品质量检验的依据主要是标准、产品图样、工艺文件、订货合同与技术协议和标准样件。

（一）标准

1. 标准与标准化的定义

（1）"标准"定义："通过标准化活动，按照规定的程序经协商一致制定，为各种活动或其结果提供规则、指南或特性，供共同使用和重复使用的文件。"（GB/T 20000.1—2014）

（2）"标准化"定义："为了在既定范围内获得最佳秩序，促进共同效益，对现实问题或潜在问题确立共同使用和重复使用的条款以及编制、发布和应用文件的活动。"（GB/T 20000.1—2014）

标准化是一项活动，而标准作为标准化活动的一个载体，是标准化工作的核心。

2. 标准分级

标准分级就是根据标准适用范围的不同，将其划分为若干不同的层次。我国标准分五级，即国家标准、行业标准、地方标准、团体标准和企业标准。

（1）国家标准：指由国家的官方标准化机构或国家政府授权的有关机构批准、发布，在全国范围内统一和适用的标准。国家标准分为强制性国家标准和推荐性国家标准。强制性标准必须执行，推荐性标准国家鼓励企业自愿采用。推荐性标准具有与强制性标准相同的完整性。当推荐性标准一经采用，也必须严格执行。

标准代号和编号：

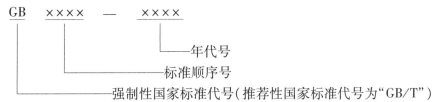

（2）行业标准：指中国全国性的各行业范围内统一的标准。行业标准由国务院有关行政主管部门制定，并报国务院标准化行政主管部门备案。行业标准为推荐性标准。

行业标准代号和编号举例：

（3）地方标准：在某个省、自治区、直辖市范围内需要统一的标准。地方标准由各省、自治区、直辖市人民政府标准化行政主管部门制定，并报国务院标准化行政主管部门备案。

地方标准代号和编号举例：

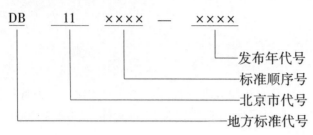

（4）团体标准：指学会、协会、商会、联合会、产业技术联盟等社会团体制定的标准。国务院标准化行政主管部门会同国务院有关行政主管部门对团体标准的制定进行规范、引导和监督。

团体标准代号和编号举例：

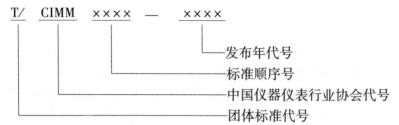

（5）企业标准：指企业所制定的产品标准和在企业内需要协调、统一的技术要求和管理、工作要求所制定的标准。企业标准由企业制定，由企业法人代表或法人代表授权的主管领导批准、发布、由企业法人授权的部门统一管理。企业产品标准需报所在地政府主管部门备案。

标准代号和编号举例：

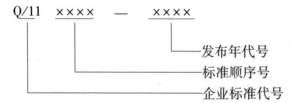

3. 采用国际标准和国外先进标准

国际标准是指由国际标准化组织（ISO）、国际电工委员会（IEC）、国际电信联盟（ITU）三大组织所制定的标准，以及由 ISO 确认并公布的其他国际组织制定的标准。

国外先进标准是指未经 ISO 确认并公布的其他国际组织标准、发达国家的国家标准、区域性组织的标准、国际上权威的团体标准和企业（公司）标准中的先进标准。

（二）产品图样

产品图样是产品制造中最基本的技术文件，是人们表达和交流的"工程语言"。图样不仅应完整、清晰、准确无误，还应技术要求齐全，严格遵守国家标准及有关各级标准的规定。图样应能表达产品组成的结构、零部件的位置和完整的轮廓。机械和仪器仪表的图样，尤其是产品的零部件图样，应标注好尺寸公差、形位公差、表面粗糙度、硬度，修饰涂层以及其他工艺、制造、检验等技术要求。这些内容和标准一样都是产品质量检验的依据。对检验人员，应能读懂图样、使用图样来完成检验工作。

1. 产品图样的要求

（1）采用投影方式或一定规则绘制；

（2）符合国家/行业标准；

（3）内容完整、清晰、协调、统一；

（4）使用法定计量单位；

（5）责任人签署齐全。

2. 产品图样的种类

零件图、装配图、总图、外形图、安装图、简图－方框图、原理图、表格图。

3. 产品图样在质量检验中的使用

应正确理解和使用，并严格贯彻执行。

（三）工艺文件

工艺文件是指在工业生产中，规定产品或零部件制造工艺过程和操作方法的各种工艺技术资料，用于指导生产工人"按图样、按工艺、按标准"进行生产、检验和管理。工艺文件的种类很多，作为质量检验依据主要有：工艺过程卡片、工序卡片、检验卡片、操作指导卡片和质量控制文件等。

对检验而言，有的专门编制检验卡片，作为检验的依据，供检验人员实际操作中应用。检验卡片的内容，除注明检验的尺寸、形状、粗糙度等有关技术要求外，还需明确检验的方法、抽样方案、使用的检测设备、测量时的基准及检验中的注意事项等。

编制工艺文件的依据：

（1）有关工艺工作的各类规章制度、标准和法规；

（2）产品的合同及技术协议；

（3）产品图样和技术条件；

（4）产品标准和与其相关的各种标准；

（5）产品有关的法规和规程；

（6）产品的工艺试验和工艺评定结果；

（7）产品的质量特性分级及缺陷的分级。

为了确保产品的质量，必须加强工艺工作的管理，严格执行工艺纪律，按工艺规程生产，认真按工艺规程进行检验，把好质量关；按检验卡片进行成品检验和最终检验，做到不合格品不转序、不出厂。

（四）订货合同与技术协议

1. 订货合同

有约束力的协议，是指当事人之间设立、变更、终止相互权利和义务的协议，通常要求提供明确的产品质量要求、技术标准、产品验收准则和交付方式等。

当没有技术标准或标准的规定满足不了要求时，供需双方可以签订合同。在合同中明确产品的技术要求，按合同要求进行生产和交验产品。有些外协、外购件也需按合同要求进行进货检验。因此，合同也是检验的依据之一。

在购销合同中，需包括以下主要条款：

(1)产品的名称、品种、型号、规格、等级和花色；

(2)产品的技术标准或技术要求；

(3)产品的数量及其计量单位；

(4)产品的包装；

(5)产品的交货要求、方法、运输方式、交货地点、交货期限；

(6)验收的方法；

(7)价格；

(8)结算方式；

(9)违约责任；

(10)协商的其他事项。

从上述主要条款可见，产品的技术要求和质量验收是经济合同中的主要条款之一。为防止纠纷，合同中的产品质量要求条款和验收条款必须写得清楚、明确。一般不得签订无质量要求和技术标准的合同。

2. 技术协议

技术协议是指顾客因新产品试制或老产品的改进，对组织提供的产品技术要求超过原标准或有特殊要求者，经双方协商签订的协议。

(五)标准样件(品)

(1)对不易检验或检验方法有破坏性的产品检验项目，必要时，制作标准样件或样品，由质量检验部门进行编号、标识、保管。

(2)标准样件的选择应由供需双方共同认可。

三、质量检验依据的选择

通常检验工作依据标准进行，但我国标准分为强制性和推荐性两种，《中华人民共和国标准化法》(以下简称《标准化法》)颁布之后，绝大多数标准已转化为推荐性标准，除涉及人身安全健康等强制性标准企业必须执行外，对于推荐性标准是否执行，允许企业有所选择。但是一些质检机构思想滞后，仅凭对国家标准、行业标准非常熟悉，所以检验产品时习惯性地选择了相应的国家标准和行业标准，有时会造成选用的检验依据和企业执行的不符。

(一)检验质量要求依据的选择

1. 选用强制性标准中规定的质量要求

产品属于强制性标准调整范围的，不管企业是否执行，都应选用强制性标准检验。除非企业执行的标准高于强制性标准，因为《标准化法》规定"不符合强制性标准的产品、服务，不得生产、销售进口或者提供"。如3C范围的产品。

2. 选用企业明示的标准中规定的质量要求

只要不是属于强制性标准调整范围，企业声称执行的国家推荐标准、行业标准、团体标准、企业标准都应作为检验依据。

3. 选用企业明示的生产依据、质量公示

在企业的生产活动中，企业未执行相应的国家标准、行业标准等，又未按照《标准化法》要求制定企业标准组织生产的情况是大量存在的。对这些企业违反《标准化法》规定的责任是属于各级质量技术监督部门查处的范围。但涉及这些产品的检验，可以用企业明示的产品说明、广告、合同、图纸等进行检验。

4. 企业在研制新产品、改进产品、进行技术改造中所涉及产品检验依据的选择

由于这类产品往往技术上不成熟，工艺工装有时尚待不断调整改进，相关产品不成熟，未定性的较多。因此，生产时没有标准是可想而知的，对这类产品检验依据的选择比较困难。《标准化法》第二十八条虽然作出了"企业研制新产品、改进产品、进行技术改造，应当符合本法规定的标准化要求"的规定，但"标准化要求"是什么，并没有具体规定，因此此类产品检验依据可比照上述三项原则进行选用。

5. 产品标准更换期检验依据的选择

任何一个产品标准，都不可能永远使用下去。随着技术进步、产品的更新换代、原材料的改变等，产品标准修订是必然的，而且修订周期越来越短。一般来说，任何产品标准的出台，都为生产企业预留了调整生产的准备时间。但是，由于标准印刷的滞后等原因，企业特别是中小企业收到标准修订的信息较晚，拿到新标准时，往往新标准已经开始生效，再加上商品流通必然滞后于生产一段时间，给产品检验的委托者和质检机构在一段时间内检验这些产品时选择检验依据带来一定困难。

对这些产品，如果是强制性标准，应选用产品生产时的有效标准，即新标准生效前生产的产品用老标准，过渡期按标准对过渡期的规定；新标准生效后生产的产品选用新标准检验。对推荐性标准，企业未按其组织生产，对外宣称也未执行新标准的按一般选用检验标准对待。

在现实当中，如果市场上依据老标准生产的产品仍在流通，或因经济纠纷、质量纠纷涉及的产品是在新标准生效前生产的。那么即使新标准已经生效，对这些产品检验不能用"现行有效标准"概念来选用检验标准。如果老标准生产的产品按规定已经不能允许在市场上流通时，委托方明确要求用新标准检验按老标准生产的产品时是可以用新标准检验的。

6. 检验方法的选择

按照《中华人民共和国标准化法实施条例》第二条的规定："工业产品的设计、生产、试验、检验、包装、储存、运输、使用的方法"等，"需要统一的技术要求，应当制定标准"。因此，一般情况下，产品的检验方法应该是确定的，大多数情况也是唯一的，按标准规定的方法检验即可。如果质检机构进行检验工作时出现标准制定不规范不配套、产品检（试）验方法不是唯一的、没有明确检验方法等情况，选择检验方法标准成为必须考虑的问题。在这种情况下，应首先了解生产企业出厂检验使用的方法，使质检机构的检验方法和企业出厂检验方法一致。个别企业的产品出厂根本不做检验，当这些产品需要检验时，选取检验方法要听取委托方意见，不能由质检机构根据经验确定，但是由质检机构提出建议，取得委托方同意是允许的。

（二）抽样依据的选择

（1）一般以产品标准中已按相应国家标准作出的规定为准，无需再考虑其他抽样通用标准。

（2）进货检验原则上依据购销合同或技术协议中规定的抽样方法和数量。

（3）批量产品仲裁检验抽样按照下列要求进行：

国家强制性标准规定；争议双方当事人约定；由质检机构提出，申请人确认。

复习思考题

1. 什么是质量检验工作的依据？
2. 常用的质量检验用技术文件有哪些？
3. 产品标准更换期应如何选择检验依据？
4. 抽样依据应该如何选择？

第三节 质量检验计划的编制

一、概述

（一）质量检验计划的基本概念

质量检验计划就是对检验涉及的活动、过程和资源及相互关系作出的规范化的书面（文件）规定，用以指导检验活动正确、有序、协调地进行。

质量检验计划是产品生产者对整个检验和试验工作进行的系统策划和总体安排的结果，是确定检验工作何时、何地、何人（部门）做什么，如何做的技术和管理活动。一般以文字或图表形式明确地规定检验站（组）的设置，资源的配备（包括人员、设备、仪器、量具和检具），选择检验和试验方式、方法和确定工作量。它是指导各检验站（组）和检验人员工作的依据，是产品生产者质量管理体系中质量计划的一个重要组成部分，可为检验工作的技术管理和作业指导提供依据。

（二）编制质量检验计划的目的

产品形成的各个阶段，从原材料投入到产品实现，有各种不同的复杂生产作业活动，同时伴随着各种不同的检验活动。这些检验活动是由分散在各生产组织的检验人员完成的。这些人员需要熟悉和掌握产品及其检验和试验工作的基本知识和要求，掌握如何正确进行检验操作，如产品和组成部分的用途、质量特性、各质量特性对产品功能的影响，以及检验和试验的技术标准，检验和试验项目、方式和方法，检验和试验场地及测量误差等。为此，需要有若干文件做载体来阐述这些信息和资料，这就需要编制检验计划来给以阐明，以指导检验人员完成检验工作，保证检验工作的质量。

现代工业的生产活动从原材料等物资投入到产品实现最后交付是一个有序、复杂的过程，它涉及不同部门，不同作业工种，不同人员，不同过程(工序)，不同的材料、物资、设备。这些部门、人员和过程都需要协同有机配合，有序衔接，同时也要求检验活动和生产作业过程密切协调和紧密衔接。为此，就需要编制检验计划来予以保证。

（三）质量检验计划的作用

检验计划是对检验和试验活动带有规划性的总体安排。它的重要作用有：

(1)按照产品加工及物流的流程，充分利用企业现有资源，统筹安排检验站、点(组)的设置，可以降低质量成本中的鉴别费用，降低产品成本。

(2)根据产品和过程作业(工艺)要求合理地选择检验、试验项目和方式、方法，合理配备和使用人员、设备、仪器仪表和量检具，有利于调动每个检验和试验人员的积极性，提高检验和试验的工作质量和效率，降低物质和劳动消耗。

(3)对产品不合格的严重性分级，并实施管理，能够充分发挥检验职能的有效性，在保证产品质量的前提下降低产品制造成本。

(4)使检验和试验工作逐步实现规范化、科学化和标准化，使产品质量能够更好地处于受控状态。

（四）质量检验计划的基本内容

质量检验部门根据生产作业组织的技术、生产、计划等部门的有关计划及产品的不同情况来编制检验计划。其基本内容有：

(1)编制检验流程图，确定适合作业特点的检验程序。

(2)合理设置检验站、点(组)。

(3)编制产品及组成部分(如主要零、部件)的质量特性分析表。制定产品不合格严重性分级表。

(4)对关键的和重要的产品组成部分(如零、部件)编制检验规程(检验指导书、细则或检验卡片)。

(5)编制检验手册。

(6)选择适宜的检验方式、方法。

(7)编制测量工具、仪器设备明细表，提出补充仪器设备及测量工具的计划。

(8)确定检验人员的组织形式、培训计划和资格认定方式，明确检验人员的岗位工作任务和职责等。

（五）编制检验计划的原则

根据产品复杂程度、形体大小、过程作业方法(工艺)、生产规模、特点、批量的不同，质量检验计划可由质量管理部门或质量检验主管部门负责，由检验技术人员编制，也可以由检验部门归口会同其他部门共同编制。编制检验计划时应考虑以下原则：

（1）充分体现检验的目的。一是防止产生和及时发现不合格品，二是保证检验通过的产品符合质量标准的要求。

（2）对检验活动能起到指导作用。检验计划必须对检验项目、检验方式和手段等具体内容有清楚、准确、简明的叙述和要求，而且应能使检验活动相关人员有同样的理解。

（3）关键质量应优先保证。所谓关键的质量是指产品的关键组成部分（如关键的零、部件），关键的质量特性。对这些质量环节，制定质量检验计划时要优先考虑和保证。

（4）综合考虑检验成本。制定检验计划时要综合考虑质量检验成本，在保证产品质量的前提下，尽可能降低检验费用。

（5）进货检验、验证应在采购合同的附件或检验计划中详细说明检验、验证的场所、方式、方法、数量及要求，并经双方共同评审确认。

（6）检验计划应随产品实现过程中产品结构、性能、质量要求、过程方法的变化做相应的修改和调整，以适应生产作业过程的需要。

二、检验流程图的编制

（一）作业流程图和检验流程图的概念

和产品形成过程有关的流程图有作业流程图（工艺流程图）和检验流程图，而检验流程图的基础和依据是作业流程图。

1. 作业流程图

作业流程图是用简明的图形、符号及文字组合形式表示的作业全过程中各过程输入、输出和过程形成要素之间的关联和顺序。

作业流程图可从产品的原材料、产品组成部分和作业所需的其他物料投入开始，到最终产品实现的全过程中的所有备料、制作（工艺）、搬运、包装、防护、存储等作业的程序，可包括每一过程涉及的劳动组织（车间、工段、班组）或场地，用规范的图形和文字予以表示，以便于作业的组织和管理。

2. 检验流程图

检验流程图是用图形、符号简洁明了地表示检验计划中确定的特定产品的检验流程（过程、路线）、检验工序、位置设置和选定的检验方法及相互顺序的图样。它是检验人员进行检验活动的依据。检验流程图和其他检验指导书等一起，构成完整的检验技术文件。

检验流程图要尽可能采用有关标准规定的符号，在 GB/T 24742—2009《技术产品文件 工艺流程图表用图形符号的表示法》中规定的检验流程图标识符号一般包括基本符号、辅助符号、复合符号等（详见表1-1、表1-2和表1-3）。在执行该标准规定的基础上，各单位可根据需要适当增加有关专用符号。

表1－1　工艺流程图表用基本符号

序号	符号名称		基本符号	符号含义
1	加工		○	表示对生产对象进行加工、装配、合成、分解、包装、处理等
2	搬运		⇨	表示对生产对象进行搬运、运输、输送等，或作业人员作业位置的变化
3	检验	数量检验	□	表示对生产对象进行数量检验
		质量检验	◇	表示对生产对象进行质量检验
4	停放		D	表示生产对象在工作地附近的临时停放
5	储存		▽	表示生产对象在保管场地有计划的存放

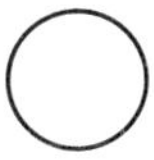

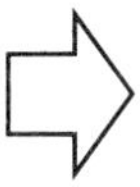

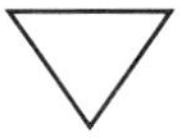

表1－2　工艺流程图表用辅助符号

序号	符号名称	辅助符号	符号含义
1	流程线	|	表示在工艺流程图表中工序间的顺序连接
2	分区	～～～	表示在工艺流程图表中对管理区域的划分
3	省略	＝＝＝	表示对工艺流程图作部分省略

注：当顺序关系难以辨明时，可以用"↓"或"↑"表示流程方向。流程线交叉处可用"┷"或"┣"表示。

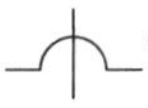

表1−3　工艺流程图表用复合符号

序号	复合符号	符号含义
1		在给定的时间内，加工与数量检测同时进行
2		在给定的时间内，加工与质量检测同时进行
3		在给定的时间内，加工与搬运同时进行
4		在给定的时间内，质量检测与数量检测同时进行

（二）检验流程图的编制过程

检验流程图的编制过程可概述为：

首先，要熟悉和了解有关的产品技术标准及设计技术文件、图样和质量特性分析。

其次，要熟悉产品形成的作业（工艺）文件，了解产品作业（工艺）流程（路线）。然后，根据作业（工艺）流程（路线）、作业规范（工艺规程）等作业（工艺）文件，设计检验工序的检验点（位置），确定检验工序和作业工序的衔接点及主要的检验工作方式、方法、内容，绘制检验流程图。

最后，对编制的流程图进行评审。由产品设计、工艺、检验人员、作业管理人员、过程作业（操作）人员一起联合评审流程图方案的合理性、适用性、经济性，提出改进意见，进行修改。流程图最后经生产组织的技术领导人或质量的最高管理者（如总工程师、质量保证经理）批准或授权人员批准。

（三）检验流程图的编制实例

检验流程图通常是参照工艺流程图，沿着产品、部件和零件这一顺序进行筛选，确定一个产品需绘制检验流程图的数量。较为简单的产品，有时只需绘制一张流程图就可达到要求，可以直接采用作业流程（工艺路线）图，并在需要质量控制和检验的部位、处所，连接表示检验的图形和文字，必要时标明检验的具体内容、方法，同样起到检验流程图的作用和效果。如图1−2所示。

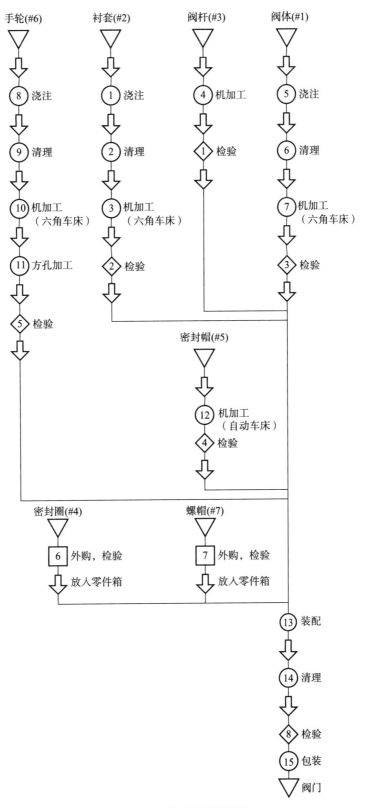

图1-2 检验流程图示例

对于比较复杂的产品，单靠作业流程(工艺路线)图往往还不够，还需要在作业流程(工艺路线)图基础上编制检验流程图，以明确检验的要求和内容及其与各过程之间的清晰、准确的衔接关系。

检验流程图对于不同的行业、不同的生产者、不同的产品会有不同的形式和表示方法，不能千篇一律。但是一个作业组织内部的流程图表达方式，图形符号要规范、统一，便于准确理解和执行。除了图1-2，检验流程图示例还可见图1-3、图1-4和图1-5。

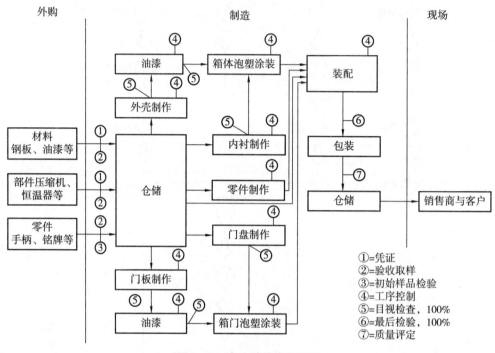

图1-3　电冰箱检验流程图

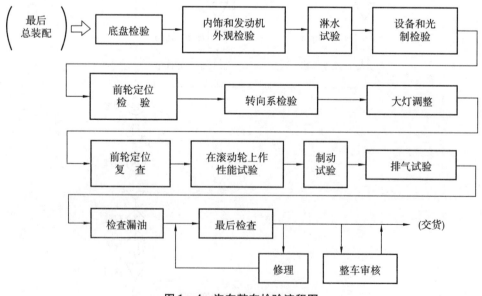

图1-4　汽车整车检验流程图

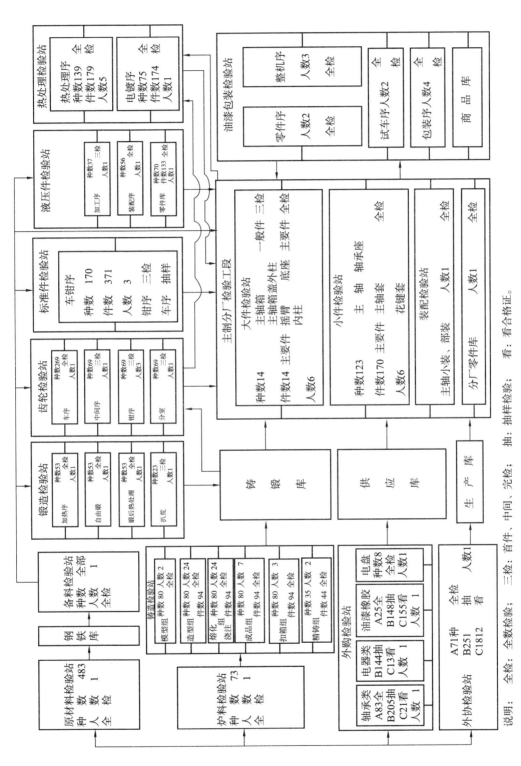

图 1-5 ××产品检验流程图

说明：全检：全数检验；　三检：首件、中间、完检；　抽：抽样检验；　看：看合格证。

三、检验站

检验站是根据生产作业分布(工艺布置)及检验流程设计确定的作业过程中最小的检验实体。其作用是通过对产品的检测,履行产品检验和监督的职能,防止所辖区域不合格品流入下一作业过程或交付(销售、使用)。

(一)检验站设置的基本原则

检验站是检验人员进行检验活动的场所,合理设置检验站可以更好地保证检验工作质量,提高检验效率。设置检验站通常遵循的基本原则是:

(1)要重点考虑设在质量控制的关键作业部位和控制点。为了加强质量把关,保证下一作业过程(工序)或顾客的利益,必须在一些质量控制的关键部位设置检验站。例如,在外购物料进货处,在产成品的放行、交付处,在生产组织接口(车间之间、工段之间)、中间产品、成品完成入库之前,一般都应设立检验站。在产品的关键组成部分、关键作业(工序)之后或生产线的最后作业(工序)终端,也必须设立检验站。

(2)要能满足生产作业过程的需要,并和生产作业节拍同步和衔接。在流水生产线和自动生产线中,检验通常是工艺链中的有机组成部分,因此在某些重要过程(工序)之后,在生产线某些分段的交接处,应设置必要的检验站。

(3)要有适宜的工作环境。检验站要有便于进行检验活动的空间。要有合适的存放和使用检验工具、检验设备的场地;要有存放等待进行检验产品的面积;要方便检验人员和作业(操作)人员的联系;使作业(操作)人员送取检验产品时行走的路线最佳;检验人员要有较广的视域,能够观察到作业(操作)人员的作业活动情况。

(4)要考虑节约检验成本,有利于提高工作效率。检验站和检验人员要有适当的负荷,检验站的数量和检验人员、检测设备、场地面积都要适应作业和检验的需要。检验站和检验人员太少,会造成等待检验时间太长,影响作业,甚至增加错检与漏检的可能;人员太多,又会人浮于事,工作效率不高,并增加检验成本。

(5)检验站的设置不是固定不变的,应根据作业(工艺)的需要做适时和必要的调整。

(二)检验站设置的分类

1. 按产品类别设置

这种方式就是同类产品在同一检验站检验,不同类别产品分别设置不同的检验站。其优点是检验人员对产品的组成、结构和性能容易熟悉和掌握,有利于提高检验的效率和质量,便于交流经验和安排工作。它适合于产品的作业(工艺)流程简单,但每种产品的生产批量又很大的情况。图1-6为按产品类别设置检验站的示意图。

2. 按生产作业组织设置

检验站按生产作业组织设置,如一车间检验站;二车间检验站;三车间检验站;热处理车间检

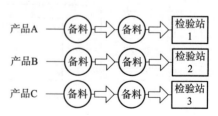

图1-6 按产品类别设置检验站的示意图

验站；铸锻车间检验站；装配车间检验站；大件工段检验站、小件工段检验站、精磨检验站等。

3. 按工艺流程顺序设置

（1）进货检验站（组）

进货检验站（组）负责对外购原材料、辅助材料、产品组成部分及其他物料等的进厂检验和试验。

进货检验通常有两种形式：一是在产品实现的本组织检验，这是较普遍的形式。物料进厂后由进货检验站根据规定进行接收检验，合格品接收入库，不合格品退回供货单位或另作处理。二是在供货单位进行检验，这对某些产品是非常合适的，像重型产品，运输比较困难，一旦检查发现不合格，生产者可以就地返工返修，采购方可以就地和供货方协商处理。

（2）过程（工序）检验站（组）

过程（工序）检验站（组）在作业组织各生产过程（工序）设置。

工序检验基本上也有两种不同形式：一种是分散的，即按作业（工艺）顺序分散在生产流程中，如图 1－7 所示。第二种是集中式的，如图 1－8（a）所示，零件 A、B、C 三条生产线的末端有一个公共的检验站。这说明三个零件在工序中实行自检（可能还有巡检），部分工序完成后，都送同一检验站进行检验。图 1－8（b）所示为另一种形式的集中检验站，该检验站负责机械制造的车、铣、刨、钻、磨等各工种加工后的检验工作。分散式的检验站多用在大批量生产的组织，而集中式的检验站多用在单件、小批量生产的组织。

图 1－7　分散式工序检验站的设置形式

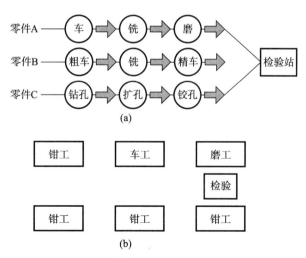

图 1－8　集中式工序检验站的设置形式

（3）完工检验站（组）

完工检验站（组）在作业组织对各作业（工序）已全部完成的产品组成部分进行检验，其中包括零件库检验站。

完工检验站是对产品组成部分或成品的完工检验而言，是指产品在某一作业过程、环节（如某生产线或作业组织）全部工序完成以后的检验。对于产品组成部分来说，完工检验可能是入库前的检验，也可能是直接放行进入装配前的检验；对于成品来说，可能是交付前检验，也可能是进入成品库以前的检验。不管是产品组成部分或是成品的完工检验，都可按照以下三种形式组织检验站：

①开环分类式检验站。这种检验站只起到把合格品和不合格品分开的作用，以防止不合格品流入下一生产环节或流入顾客手中。如图1－9所示。

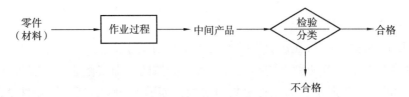

图1－9 开环分类式

②开环处理式检验站。这种检验站的工作特点，就是对于一次检查后被拒收的不合格品，进行重新审查。审查后能使用的，按规定程序批准后例外放行交付使用，能返工、返修的就进行返工、返修，返工、返修后再重新检验，并作出是拒收还是接收的决定。如图1－10所示。

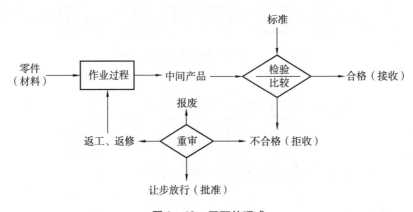

图1－10 开环处理式

③闭环处理式检验站。这种检验站的特点，就是对一次检测后拒收的产品，要进行认真分析，查出不合格的原因。这种分析不仅决定是否可进行返修处理，而且要分析标准的合理性，分析过程中存在的问题，并采取改进措施，反馈到加工中去，防止重新出现已出现过的不合格。显然，最后一种形式的检验站，对生产来说具有明显的优越性。如图1－11所示。

但是一般检验站都是开环形式，不进行不合格的原因分析。

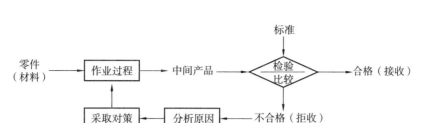

图 1-11　闭环处理式

（4）成品检验站（组）

成品检验站（组）专门负责成品落成质量和防护包装质量的检验工作。

4. 按检验技术的性质和特点设置

检验工作中针对特殊检测技术要求和使用的测试设备特点而设置专门、专项的检验站，如为高电压的试验、无损探伤检测、专项电器设备检测、冶炼炉的炉前冶金成分快检等项目而设置的检验站。

实际检验站设置不是单一形式的，根据生产特点、生产规模，可以从有利于作业出发兼顾多种形式设置混合型检验站。

四、检验手册和检验指导书

（一）检验手册

1. 基本概念

检验手册是质量检验活动的管理规定和技术规范的文件集合。它是专职检验部门质量检验工作的详细描述，是检验工作的指导性文件，是质量检验人员和管理人员的工作指南，也是质量管理体系文件的组成部分，对加强产品形成全过程的检验工作，使质量检验的业务活动标准化、规范化、科学化具有重要意义。

2. 具体内容

检验手册基本上由程序性和技术性两方面内容组成。它的具体内容可以有：

（1）质量检验体系和机构，包括机构框图、机构职能（职责、权限）的规定；

（2）质量检验的管理制度和工作制度；

（3）进货检验程序；

（4）过程（工序）检验程序；

（5）成品检验程序；

（6）计量控制程序（包括通用仪器设备及计量器具的检定、校验周期表）；

（7）检验有关的原始记录表格格式、样张及必要的文字说明；

（8）不合格产品审核和鉴别程序；

（9）检验标志的发放和控制程序；

（10）检验结果和质量状况反馈及纠正程序；

（11）经检验确认不符合规定质量要求的物料、产品组成部分、成品的处理程序。

产品和过程(工序)检验手册(技术性文件)可因不同产品和过程(工序)而异,主要内容有:

(1)不合格严重性分级的原则和规定及分级表;

(2)抽样检验的原则和抽样方案的规定;

(3)材料部分,有各种材料规格及其主要性能及标准;

(4)过程(工序)部分,有作业(工序)规程、质量控制标准;

(5)产品部分,有产品规格、性能及有关技术资料,产品样品、图片等;

(6)检验、试验部分,有检验规程、细则,试验规程及标准;

(7)索引、术语等。

编制检验手册是专职检验部门的工作,由熟悉产品质量检验管理和检测技术的人员编写。检验手册中首先要说明质量检验工作宗旨及其合法性、目的性,并经授权的负责人批准签字后生效,并按规定程序发布实施。

(二)检验指导书

1. 检验指导书基本概念及其作用

检验指导书是具体规定检验操作要求的技术文件,又称检验规程或检验卡片。它是产品形成过程中,用以指导检验人员规范、正确地实施产品和过程完成的检查、测量、试验的技术文件。它是产品检验计划的一个重要部分,其目的是为重要产品及组成部分和关键作业过程的检验活动提供具体操作指导。它是质量管理体系文件中的一种技术作业指导性文件,又可作为检验手册中的技术性文件。其特点是技术性、专业性、可操作性很强,要求文字表述明确、准确,操作方法说明清楚、易于理解,过程简便易行。其作用是使检验操作达到统一、规范。

由于产品形成过程中具体作业特点、性质的不同,检验指导书的形式、内容也不相同,有进货检验用检验指导书(如某材料化学元素成分检验指导书、某电子元器件筛选检验指导书等)、过程(工序)检验用检验指导书(如机加工工序检验指导书、电镀工序检验指导书等)、组装和成品落成检验用指导书(如主轴组装检验指导书、清洁度检验指导书、性能试验指导书等)。

检验指导书的主要作用,是使检验人员按检验指导书规定的内容、方法、要求和程序进行检验,保证检验工作的规范性,有效地防止错检、漏检等现象发生。

2. 编制检验指导书的要求

一般对关键和重要的产品组成部分、产品完成的检验和试验都应编制检验指导书,在检验指导书上应明确规定需要检验的质量特性及其技术要求,规定检验方法、检验基准、检测量具、子样大小以及检验示意图等内容。为此,编制检验指导书的主要要求如下:

(1)对该过程作业控制的所有质量特性(技术要求),应全部逐一列出,不可遗漏。对质量特性技术要求的表述要语言明确、内容具体、语言规范,使操作和检验人员容易掌握和理解。此外,它还可能包括不合格的严重性分级、尺寸公差、检测顺序、检测频率、样本大小等有关内容。

(2)必须针对质量特性和不同精度等级的要求,合理选择适用的测量工具或仪表,并在指导书中标明它们的型号、规格和编号，甚至说明其使用方法。

（3）当采用抽样检验时，应正确选择并说明抽样方案。根据具体情况及不合格严重性分级确定可接受质量水平 AQL 值，正确选择检查水平，根据产品抽样检验的目的、性质、特点选用适用的抽样方案。

3. 编制检验指导书的基本内容

（1）检测对象：受检产品名称、型号、图号、工序（流程）名称及编号。

（2）质量特性值：按产品质量要求转化的技术要求，规定检验的项目。

（3）检验方法：规定检测的基准（或基面）、检验的程序和方法、有关计算（换算）方法、检测频次、抽样检验时有关规定和数据。

（4）检测手段：检测使用的计量器具、仪器、仪表及设备、工装卡具的名称和编号。

（5）检验判定：规定数据处理、判定比较的方法、判定的准则。

（6）记录和报告：规定记录的事项、方法和表格，规定报告的内容与方式、程序与时间。

（7）其他说明。

4. 检验指导书的编写

检验指导书是产品检验规程在某些重要检验环节上的具体化，是指导检验人员正确实施检验作业的规程性文件。通常对新产品特有的、企业过去没有开展过的检验项目，重要的外购配套件、外协件，生产制造中的关键件、关键质量特性或工序质量控制点的质量特性的检验，都要编制检验指导书。

检验指导书中需列出受检物的名称、图号、各项质量特性的具体要求、检验方法、抽样方案和检测手段。对于比较复杂的检验项目，在检验指导书上应画有简明的示意图及提供有关的说明资料。检验指导书的格式尚无统一的规定。表 1-4、表 1-5、表 1-6 是几种供参考的检验指导书的格式。

表 1-4　检验指导书（供进货检验用）

受检物名称		用于产品名称			文件编号	
物品编号或图号		检验站名称			有效执行期	
序号	受检特性值	质量特性重要性级别		检测手段	检验方法	备注
提示与说明事项						

批准：　　　　　　审核：　　　　　　编制：　　　　　　日期：

表 1 – 5　检验指导书(供工序检验或完工零件检验用)

零件名称			零件图号			文件编号	
检验流程号			检验站名称			有效期	
序号	受检特性值		质量特性重要性级别	检测手段		检验方法	备注
1	内孔 $\phi68_0^{+0.030}$		B	样柱 $\phi68M7\ BL-1$		100% 检验	
2	内孔粗糙度 $\sqrt{Ra_{0.4}}$		B	表面粗糙度样板		目测	
3	外径 $\phi85_{-0.087}^{\ \ 0}$		C	卡板 $\phi85h9$		抽样检验	AQL 1.0 检验水平 Ⅱ
……							
提示与说明事项	(写出与检验作业的有关提示或需说明事项,必要时可绘制简明的示意图)						

批准:　　　　　　审核:　　　　　　编制:　　　　　　日期:

表 1 – 6　检验指导书(供成品检验用)

产品名称型号			产品图号			文件编号	
试验地点			检验站名称			指导书有效期	
检验、试验项目序号			对检验内容、要求及检测、试验手段、方法、程序作出指导性说明				
提示与说明事项							

批准:　　　　　　审核:　　　　　　编制:　　　　　　日期:

复习思考题

1. 你认为制定检验计划能有哪些作用？需有哪些主要内容？
2. 试举例编制一个零件加工过程检验流程图。
3. 通常一个企业需设置哪几个检验站？
4. 在制定检验计划时，需对技术标准作哪些必要的补充说明？
5. 编制检验指导书有哪些要点？

第四节　抽样检验简介

一、抽样检验概述

产品检验就是对产品的一个或多个质量特性进行的观察，适当时进行测定、试验或度量，并将结果同规定要求进行比较以确定合格与否所进行的活动。

在产品制造过程中，为了保证产品质量，防止不合格品流入下道工序或出厂，最好对产品进行全数检验即 100% 检验。但是，在许多情况下全数检验是不现实的也是没有必要的，例如破坏性检验，批量大、检验时间长或检验费用高的产品，就不能或不宜采用全数检验，此时抽样检验是一种有效且可行的方法。抽样检验是质量管理工作的一个重要组成部分。

（一）抽样检验的概念

抽样检验简称为抽检，是指依据数理统计的原理所预先制定的抽样方案，从总体（产品批）中随机抽取部分样品（单位产品）组成样本进行检验，然后根据对样本的检验结果，按规定的判断准则，对总体（产品批）的质量作出判断的检验。

抽样检验的目的就是要以样本来判断总体。更具体一点说，就是要用科学的数理统计方法，用抽取尽可能少的样本（n）来比较准确地判定总体（N）的质量。

抽样检验常用于下述情况：

（1）带有破坏性的检验；

（2）生产批量大、自动化程度高、产品质量比较稳定的产品或过程的检验；

（3）外购件、外协件成批进货的验收检验；

（4）某些生产效率高、检验时间长的产品或过程的检验；

（5）希望节约检验费用的检验；

（6）作为过程控制的检验等。

（二）抽样检验中的常用术语

1. 单位产品

单位产品是构成产品总体的基本单位，也可称为个体。可以自然划分的单位产品，如一个螺帽、一个胶圈、一台电视机等；不能自然划分的单位产品，可按实施抽样检验的需要采用，如一米布、一袋水泥、一桶油等。

2. 交检批（N）

交检批又称批量，是指提供检验的产品总体，用 N 作表示。一个交检批应是在一定时间内，由采用基本相同的条件制造出来的同种单位产品构成。通常对批量大小没有明确规定，一般是对生产过程稳定的产品批量可适当大一些，而质量不太稳定的产品以小批量为宜。

3. 样本量（n）

样本是由交检批量总体中抽取的少量单位产品组成。样本中单位产品的数量称样本大小或样本量，用 n 表示。

4. 合格判定数（接收数）（Ac 或 c）

按抽样方案，预先规定样本中允许最大不合格单位产品数称为合格判定数（接收数），用 Ac 或 c 表示。

5. 不合格判定数（拒收数）（Re 或 R）

按抽样方案，预先规定样本中，允许最小的不合格单位产品数称为不合格判定数（拒收数），用 Re 或 R 表示。

6. 不合格品率

不合格品总数除以交检单位产品总数，常用百分数表示，即

$$不合格品率 = \frac{不合格品总数}{交检单位产品总数} \times 100\%$$

7. 批不合格品率（p）

批不合格品率是批中不合格品数 D，除以交检批量 N，即 $p = D/N$。

8. 过程平均不合格品率（$\bar{p}$）

过程平均不合格品率是指产品的平均不合格品率，即由一组交检批中抽取样本 n_1，n_2，$\cdots$，n_k；其中的不合格品数依次为 d_1，d_2，$\cdots$，d_k。则

$$\bar{p} = \frac{d_1 + d_2 + d_3 + \cdots + d_k}{n_1 + n_2 + n_3 + \cdots + n_k} \times 100\%$$

（三）抽样检验分类

抽样检验的类型有多种划分的方法，通常可以按以下几个方面分类。

1. 按数据的性质分类

（1）计数抽样检验

计数抽样检验是根据样本中不合格品个数（计件值）或缺陷的个数（计点值）来判断整

批产品是否合格的抽样检验。例如，测量工作是以通止量规为依据，将产品判为合格或不合格。

（2）计量抽样检验

计量抽样检验是按给定的技术标准，将单位产品的质量特性值〔如尺寸精度、形位公差、质（重）量等〕进行统计，并用来判断整批产品是否合格的抽样方法。

计数抽样检验与计量抽样检验的比较见表1-7。

表1-7　计数抽样与计量抽样比较

项目	计数抽样	计量抽样
质量的表示方法	用不合格品个数或缺陷的个数表示	用计量值表示
检验方法	无需熟练的检验技术 检验用的时间少 检验设备简单 检验记录简单 计算简单	一般需要熟练的检验技术 检验用的时间长 检验设备复杂 检验记录复杂 计算复杂
用于实际时的理论限制	抽样时最好保证随机抽取的形式，一般均可满足抽样所需条件	抽样时要求保证随机抽取的形式。适用范围限于正态分布或其他特殊的条件
正确地判断批好坏的能力与检验件数	在得到同等判断能力方面，试样的数量增大而检验件数相等时判断能力下降	得到同等判断能力方面，试样数量减少而检验件数相等时，判断能力提高
检验记录的利用	检验记录用于其他方面的作用较低	检验记录用于其他方面的作用较高

2. 按抽样检验的目的分类

（1）预防性抽样检验

这种抽样检验是用于半成品生产过程中。其目的是为了及时发现过程中的异常因素，保证生产过程持续地处于统计控制状态，以最终保证产品质量。

（2）验收抽样检验

这种抽样检验用于对成批产品进行的验收过程。其目的是为了确定交验产品是否可以被接收。

（3）监督抽样检验

这种抽样检验是为了保证产品质量和使用方的利益，由第三方独立对产品进行的、决定监督总体是否可通过的抽样检验。

3. 按制定抽样方案的原理分类

（1）标准型

这是抽样检验的基本方式，它是基于同时控制生产方和使用方风险这一准则而制定的。通常称之为能够满足买卖双方要求的组合式抽样检验。由于不需要利用抽样检验的历史资料，常用于孤立的一批产品的验收检验。

（2）挑选型

按预先选定的抽样方案对每一批都进行抽检，判为合格的批被接收，但要将样本中挑出的不合格品换成合格品，并补够数量。对于不合格批必须进行百分之百检验，以合格品换出批中的不合格品后，再次提交检验。因此，它不适用于破坏性检验，常用于不能选择供应方的购入检验，或者用于生产过程中的中间检验或巡回检验。

（3）调整型

调整型抽样方案就是根据连续交检批质量变化情况，按预先规定的调整规则，随时调整抽样方案。当批的质量正常时，采用正常抽样方案；当批的质量变坏时，改用加严抽样方案；当批质量变好时，转为放宽的抽样方案。由于利用转移规则适时地调整方案的宽严，为买卖双方都提供了更多的保护。

4. 按抽取样本次数分类

（1）一次抽样

一次抽样检验就是从检验批中只抽取一个样本就对该批产品作出是否接收的判断，通常用记号$[n，Ac，Re]$来表示一次抽样方案。

（2）二次抽样

二次抽样检验是一次抽样检验的延伸，它要求对一批产品抽取至多两个样本即作出批接收与否的结论，当从第一个样本不能判定批接收与否时，再抽第二个样本，然后由两个样本的结果来确定批是否被接收。常用记号$\begin{pmatrix} n_1，& Ac_1，& Re_1 \\ n_2，& Ac_2，& Re_2 \end{pmatrix}$表示二次抽样方案。

（3）多次抽样

多次抽样是二次抽样的进一步推广，例如五次抽样，则允许最多抽取 5 个样本才最终确定批是否接收。

（4）序贯抽样

当试验带有破坏性时，要求采用的抽样方案既能满足对于两种错判概率的限制，又能使抽样单位产品的个数尽可能少。因此，在两次抽样的基础上引申出序贯抽样。采用序贯抽样检验，每次只从批中随机抽检一个单位产品进行检验，然后按判定规则作出合格、不合格或不能确定，再抽下一个单位产品进行判断，一旦作出批合格或不合格的判定，就终止检验。

5. 按交验产品是否成批分类

（1）逐批抽样检验

一般情况下，产品是以批的形式交付检验的，每批都要抽样检验的即为逐批抽样检验。

（2）连续生产型抽样检验

连续生产型抽样检验不要求产品形成批，而是在产品连续生产过程中抽取样本进行检验。检验先从全数检验开始，当合格品累计到一定数量后，转入抽样检验；如果出现一定数量的不合格品，就再恢复到全数检验。

（四）抽样方案及对批可接收性的判断

抽样检验的对象是一批产品，一批产品的可接收性即通过抽样检验判断批的接收与否，可以通过样本批的质量指标来衡量。在理论上可以确定一个批接收的质量标准 p_t，若单个交检批质量水平 $p \leqslant p_t$，则这批产品可接收；若 $p > p_t$，则这批产品不予接收。但实际中除非进行全检，不可能获得 p 的实际值，因此不能以此来对批的可接收性进行判断。

在实际抽样检验过程中，将上述批质量判断规则转换为一个具体的抽样方案。最简单的一次抽样方案，通常用记号 $[n, Ac, Re]$ 来表示一次抽样方案，n 表示样本量，Ac 表示接收数，Re 表示拒收数，d 为样本中的不合格（品）数。实际抽样检验对批质量的判断也即对批接收性的判断规则是：若 d 小于或等于接收数 Ac，则接收该批；若 d 大于或等于 Re，则不接收该批。上述一次抽样的判断过程的流程图如图 1-12 所示。

二次抽样对批质量的判断允许最多抽两个样本。在抽检过程中，如果第一个样本中的不合格（品）数 d_1 不超过第一个接收数 Ac_1，则判断批接收；如果 d_1 等于或大于第一个拒收数 Re_1，则不接收该批；如果 d_1 大于 Ac_1，但小于 Re_1，则继续抽第二个样本，设第二个样本中不合格（品）数为 d_2，当 $d_1 + d_2$ 小于或等于第二个接收数 Ac_2 时，判断该批产品接收，如果 $d_1 + d_2$ 大于或等于第二个拒收数 Re_2，则判断该批产品不接收。二次抽样检验程序如图 1-13 所示。

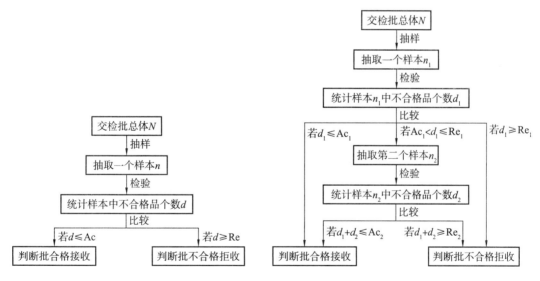

图 1-12　一次抽样检验流程图　　　　图 1-13　二次抽样检验流程图

在抽样检验中抽样方案实际上是对交检批起到一个评判的作用。它的判断规则是如果交检批质量满足要求，即 $p \leqslant p_t$，抽样方案应以高概率接收该批产品，如果批质量不满足要求，就尽可能不接收该批产品。因此，使用抽样方案关键问题之一是确定批质量标准，明确什么样的批质量满足要求，什么样的批质量不满足要求，在此基础上找到合适的抽样方案。

在生产实践中由于检验的对象不同，质量指标也有所不同。如单件小批生产，或从供方仅采购少数几批产品，或由于生产质量不稳定，批与批质量相差较大，往往视为孤立批。为保证产品质量一般对单批提出质量要求，提出批接收质量限或不可接收的质量指标，如标准型抽样方案的p_0、p_1，孤立批计数抽样方案 GB/T 2828.2 中的 LQ。如果企业大量或连续成批稳定的生产，或从供方长期采购，质量要求主要是对过程质量提出要求，如 GB/T 2828.1 中的 AQL 指标。有些质量指标既不是对单个生产批的，也不是针对过程的，而是对企业检验后的平均质量提出要求，如企业产品进入市场后的质量，或长期采购的产品进厂后的平均质量都是检验后的平均质量。又如企业的质量目标出厂不合格品率为 5×10^{-4}，这也是检后的平均质量要求。根据批、过程和检后的平均质量要求都可以设计抽样方案，质量要求不同，设计的抽样方案不同。但无论哪种方案起到的作用都应该是一样的，即满足质量要求的批尽可能接收，不满足要求的批尽可能不收。换句话说，即应以高概率接收满足质量要求的批，而以低概率接收不满足质量要求的批。

（五）抽样方案的特性

在抽样检验中，抽样方案的科学与否直接涉及生产拥前的利益，因此在设计、选择抽样方案的同时应对抽样方案进行评价，以保证抽样方案的科学合理。评价一个抽样方案有以下几种量，这些量表示抽样方案的特性。

1. 接收概率及操作特性（OC）曲线

根据规定的抽检方案，把具有给定质量水平的交检批判为接收的概率称为接收概率 P_a 是用给定的抽样方案验收某交检批，结果为接收的概率。当抽样方案不变时，对于不同质量水平的批接收的概率不同。接收概率的计算方法有三种：

（1）超几何分布计算法

$$P_a = \sum_{d=0}^{Ac} \frac{\binom{N-D}{n-d}\binom{D}{d}}{\binom{N}{n}}$$

此式是有限总体计件抽检时，计算接收概率的公式。

式中：$\binom{D}{d}$——从批含有的不合格品数 D 中抽取 d 个不合格品的全部组合数；

$\binom{N-D}{n-d}$——从批含有的合格品数 $N-D$ 中抽取 $n-d$ 个合格品的全部组合数；

$\binom{N}{n}$——从批量为 N 的一批产品中抽取 n 个单位产品的全部组合数。

（2）二项分布计算法

超几何分布计算法可用于任何 N 与 n，但计算较为繁复。当 N 很大（至少相对于 n 比较大，即 n/N 很小时），可用以下二项分布计算：

$$P_a = \sum_{d=0}^{Ac} \binom{n}{d} p^d (1-p)^{n-d}$$

式中，p 为批不合格品率（在有限总体中 $P = D/N$）。

上式实际上是无限总体计件抽检时计算接收概率的公式。

在实际应用时，当 $\dfrac{n}{N} \le 0.1$，即可用二项概率去近似超几何概率。

（3）泊松分布计算法

$$P_a = \sum_{d=0}^{Ac} \frac{(np)^d}{d!} \mathrm{e}^{-np}$$

此式为计点抽检时计算接收概率的公式。

（4）操作特性（OC）曲线

从前面计算中可以注意到抽样方案的接收概率 P_a。依赖于批质量水平 p，当 p 变化时 P_a 是 p 的函数，通常也记为 $L(p)$。$L(p)$ 随批质量 p 变化的曲线称为操作特性曲线或 OC 曲线。OC 曲线表示了一个抽样方案对一个产品的批质量的辨别能力。

【例 1-1】已知 $N=1\,000$，用抽样方案（50，1）分别反复抽检 $p=0.005$，0.007，0.01，0.02，0.03，0.04，0.05，0.06，0.07，0.076，0.08，0.10，0.20，…，1.00 的交检批时，经计算可以得到方案的接收概率 $L(p)$ 如表 1-8 所示的结果。

表 1-8　用抽样方案（50，1）检验 $N=1\,000$，p 取不同值时的结果

p	0.000	0.005	0.007	0.010	0.020	0.030	0.040	0.050
$L(p)$	1.000	0.973 9	0.951 9	0.910 6	0.735 8	0.555 3	0.400 5	0.279 4
p	0.060	0.070	0.076	0.080	0.100	0.200	…	1.00
$L(p)$	0.190 0	0.126 5	0.0982	0.0827	0.033 7	0.000 2	…	0.000

以 p 为横坐标，$L(p)$ 为纵坐标将表 1-8 的数据描绘在平面上，得到如图 1-14 所示的曲线。这条曲线即为抽样方案（50，1）的操作特性曲线（OC 曲线）。

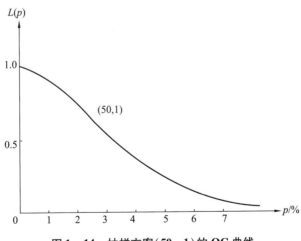

图 1-14　抽样方案（50，1）的 OC 曲线

每个抽样方案都有一条 OC 曲线，OC 曲线的形状不同表示抽样方案对批的判断能力不同，即对同一个批使用不同的抽样方案被接收的概率不同。

常见的 OC 曲线形状如图 1-15 和图 1-16 所示。它们分别是 $Ac \ne 0$ 的 OC 曲线

（图 1－15）和 Ac ＝0 的 OC 曲线（图 1－16）。

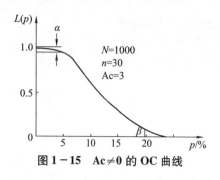

图 1－15　Ac≠0 的 OC 曲线

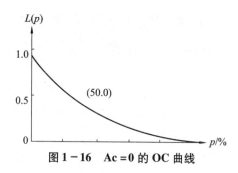

图 1－16　Ac ＝0 的 OC 曲线

抽样检验时，有些人以为样本中一个不合格品都不出现的抽样方案一定是个好方案，即认为采用 Ac ＝0 的抽样方案最严格，使用方乐意采用，例如目前在一些汽车行业提倡或要求使用 Ac ＝0 的方案。但应注意到，当 $p_0 > 0$，且样本量大时，Ac ＝0 的方案的生产方风险有可能很大。下面研究以下三个抽样方案（批量 $N = 1\,000$）：

$n = 100$，Ac ＝0

$n = 170$，Ac ＝1

$n = 240$，Ac ＝2

这三个抽样方案的 OC 曲线如图 1－17 所示。

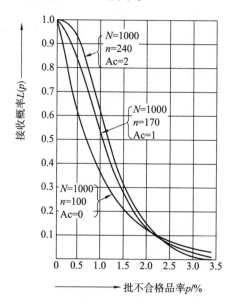

图 1－17　Ac ＝0 同 Ac ＝1 和 Ac ＝2 的抽样方案比较

从图 1－17 的 OC 曲线可以看出，不论哪个抽样方案，批不合格品率 $p = 2.2\%$ 时的接收概率基本上都在 0.10 左右。但对 Ac ＝－0 的方案来说，p 只要比 0% 稍大一些，$L(p)$ 就迅速减小，这意味着"优质批"被判为不接收的概率快速增大，这对生产方是很不利的。对比之下，Ac ＝1，Ac ＝2 时"优质批"被判为接收的概率相对增加。由此可见，在实际操作中，如能增大 n，则采用增大 n 的同时也增大 Ac（Ac≠0）的抽样方案，比单纯采用 Ac ＝0

的抽样方案更能在保证批质量的同时保护生产方。

2. 抽样方案的两类风险

在抽样检验中，通过 OC 曲线可以评价抽样方案的判别能力，但一个抽样方案如何影响生产方和使用方的利益可以通过两类风险进行具体分析。

（1）生产方风险

采用抽样检验时，生产方和使用方都要冒一定的风险。因为抽样检验是根据一定的抽样方案从批中抽取样本进行检验，根据检验结果及接收准则来判断该批是否接收。由于样本的随机性，同时它仅是批的一部分，通常还是很少的一部分，所以有可能做出错误的判断。本来质量好的批，有可能被判为不接收；本来质量差的批，又有可能被判为接收。

生产方风险是指生产方所承担的批质量合格而不被接收的风险。严格地说，它是对给定的抽样方案，当批质量水平为某一指定的可接受值 p_0 时，但不被接收的概率。这里的 p_0 称为生产方风险质量，生产方风险一般用字母 α 表示，在使用时 α 通常规定为 5%。

（2）使用方风险

使用方风险是指使用方所承担的接收质量不合格批的风险。严格地说，使用方风险是对给定的抽样方案，当批质量水平为某一不可接受值 p_1 时，但被接收的概率。这里 p_1 也称为使用方风险质量，使用方风险一般用字母 β 表示，在使用时 β 通常规定为 10%。

抽样检验中上述两类风险都是不可避免的，要采用抽样方案，生产方和使用方都必须承担各自的风险。关键的是双方应明确各自承担的风险极限。对于双方来说，什么样的质量水平是合格的批，在此质量水平下，生产方风险最大不超过多少；何种质量水平是不可接受的批，在此质量水平下，使用方能承受多大的风险。在这个基础上比较备选方案的接收概率和 OC 曲线可以找到合适的抽样方案。如果要想同时满足双方利益，同时减小双方风险，唯一的方法是增大样本量，但这样又势必提高检验成本，所以抽样方案的选择实际上是双方承担的风险和经济的平衡。

二、计数标准型一次抽样检验

1. 计数标准型一次抽样检验的特点

GB/T 13262—2008《不合格品百分数的计数标准型一次抽样检验程序及抽样表》是同时兼顾生产方和使用方两者利益的标准。预先限制两类风险 α 和 β，由供需双方协商确定交检批不合格品率接收上限 p_0 和拒收下限 p_1，也就是按 $(p_0, p_1, \alpha, \beta)$ 四个参数制定的抽样检验方案。

一次检验方案 (n, Ac) 是指从批中抽取一个大小为 n 的样本，要是样本的不合格品个数 d 不超过 Ac，判断此批为合格，否则判为不合格，标准适用于单批质量保证的抽样检验。

此方案当：

（1）$p \leqslant p_0$时，$L(p) \geqslant (1-\alpha)$即作为"优质批"，判批合格的概率高，应以$\geqslant (1-\alpha)$的概率被接收；

（2）$p \geqslant p_1$时，$L(p) \leqslant \beta$，即作为"劣质批"，判批合格的概率低，应以$\leqslant \beta$的低概率被接收，也就是以$(1-\beta)$高概率被拒收。

此外，α为p_0时的交检批被拒收的概率，这是生产方（卖方）要承担的风险。β为p_1时交检批被接收的概率，这是使用方（买方）要承担的风险。一般取$\alpha = 0.05$（5%），也就是达到p_0时的交检批，应有95%批被接收；$\beta = 0.1$（10%）也就是p_1时的交检批，将会有10%批被接收。因此，如果供需双方预先确定好了p_0，p_1，α，β的大小，就可查阅GB/T 13262—2008来取得n和Ac的大小，也就能确定抽样方案（n，Ac）。

2. 计数标准型一次抽样检验方案的实施程序

（1）确定质量要求

对于待检批的单位产品，需要有判断合格品和不合格品的质量要求。

（2）确定p_0，p_1，α，β

生产方（卖方）和使用方（买方）共同协调确定p_0，p_1，α，β四个参数大小。

（3）确定交检批

组成交检批，应保证交检批是在同样生产条件下制造出来的。

（4）检索抽样方案（n，Ac）

通过查看表1-9计数标准型一次抽样检查表，检索出对应的抽样方案（n，Ac）。

表1-9　计数标准型一次抽样检查表

Ac	p_1/p_0			np_0	Ac	p_1/p_0			np_0
	$\alpha = 0.05$ $\beta = 0.1$	$\alpha = 0.05$ $\beta = 0.05$	$\alpha = 0.05$ $\beta = 0.01$	$\alpha = 0.05$		$\alpha = 0.01$ $\beta = 0.10$	$\alpha = 0.01$ $\beta = 0.05$	$\alpha = 0.01$ $\beta = 0.01$	$\alpha = 0.01$
0	44.89	58.404	89.781	0.052	0	229.105	298.073	458.210	0.010
1	10.946	13.349	16.681	0.355	1	20.134	31.933	44.686	0.149
2	6.509	7.699	10.280	0.818	2	12.206	4.439	19.278	0.436
3	4.490	5.675	7.352	1.366	3	8.115	9.418	12.202	0.823
4	4.057	4.646	5.890	1.970	4	6.249	7.156	9.072	1.279
5	3.549	4.023	5.017	2.613	5	5.195	5.889	7.343	1.785
6	3.208	3.604	4.435	3.286	6	4.520	5.082	6.253	2.330
7	2.957	3.303	4.019	3.981	7	4.650	4.524	5.506	2.906
8	2.768	3.074	3.707	4.695	8	3.705	4.115	4.962	3.507
9	2.618	2.895	3.462	5.426	9	3.440	3.803	4.548	4.130
10	2.497	2.750	3.265	6.169	10	3.229	3.555	4.222	4.771

续表

Ac	p_1/p_0			np_0	Ac	p_1/p_0			np_0
	$\alpha = 0.05$ $\beta = 0.1$	$\alpha = 0.05$ $\beta = 0.05$	$\alpha = 0.05$ $\beta = 0.01$	$\alpha = 0.05$		$\alpha = 0.01$ $\beta = 0.10$	$\alpha = 0.01$ $\beta = 0.05$	$\alpha = 0.01$ $\beta = 0.01$	$\alpha = 0.01$
11	2.397	2.630	4.104	6.924	11	3.058	3.354	3.959	5.428
12	2.312	2.528	2.968	7.690	12	2.915	3.188	3.742	6.099
13	2.240	2.442	2.852	8.464	13	2.795	3.047	3.559	6.782
14	2.177	2.367	2.752	9.246	14	2.692	2.927	3.403	7.477
15	2.122	2.302	2.665	10.035	15	2.603	2.823	3.269	8.181

(5)抽取样本

应用随机抽样,从交检批中,抽取大小为 n 的样本。

(6)检测样本

按规定的质量要求对样本中逐个单位产品进行测试,作出合格与否判断,并记录下不合格个数。

(7)交检批判断与处置

若 $d \leqslant$ Ac 判断交检批合格,接收。

若 $d >$ Ac 判断交检批不合格,拒收。

【例1-2】某使用方,从生产方签订了一批圆柱销,规格为 $\phi 10^0_{-0.02}$,长 40 mm,批量 $N = 2\,000$,经双方协商确定采用计数标准型一次抽样方案进行抽样检验,试确定抽样方案和实施步骤。

解:

(1)确定质量要求

圆柱销外径 $\phi 10^0_{-0.02}$ 是有公差的尺寸,应作为产品质量标准,圆柱销外径为 9.98 mm ~ 10 mm 为合格品,超过这个范围的为不合格品。

长 40 mm 为自由尺寸,可不作检验。

(2)确定 p_0,p_1,α,β

经双方协商确定 $p_0 = 1.5\%$,$p_1 = 7\%$,$\alpha = 0.05$,$\beta = 0.10$。

(3)确定交检批

生产方将在同样生产条件下制造出的圆柱销 2 000 件,作为交检批提交检验。

(4)检索抽样方案(n,Ac)

鉴别比 $p_1/p_0 = 0.07/0.015 = 4.667$,查看表 1-9,$\alpha = 0.05$,$\beta = 0.10$,找到最接近 4.667 的值 4.49,对应的 Ac $= 3$,$np_0 = 1.366$,所以抽样方案为(90,3)。

(5)抽取样本

在交检批 2 000 件圆柱销中随机抽取 90 件作为样本。

(6)检测样本

使用示值为 0.002 mm 的精密千分尺,对 90 件样本逐件进行测量,挑出 2 件超差,判为不合格件。

（7）交检批判断与处置

因 $d(=2)<\mathrm{Ac}(=3)$，判断交检批为合格批，予以接收，对挑出的 2 件不合格品，按签约规定调换为合格品。

三、计数调整型抽样检验

1. 计数调整型抽样方案及其特点

计数调整型抽样检验是当今国内外应用较广的一种抽样方案。此方案，就是在验收过程中，不是采用固定的一种抽样方案，而是根据产品质量的变化，轮番地采用正常检验、加严检验和放宽检验三个不同的抽样方案，通过转换规则连续组成一个整体的抽样体系。该方案一个显著特点，就是检验员（或使用方）可以根据已有的历史资料调整抽样方案的宽严程度，即在一般情况下，采用正常检验，经过初次或几批检验结果表明，供方提供的批质量变好时，转换到放宽检验；反之，当批质量变坏时，转换到加严检验；如果质量下降到某种程度时，就要停止检验，直到采取措施，确认质量有明显好转后，才能重新开始实行抽样检验。在调整抽样方案中，正常检验体现了对供方的保护，加严检验体现了对需方的保护。而放宽检验则是对提供优质产品的供方的一种鼓励。三种方案转换过程如图1－18所示。

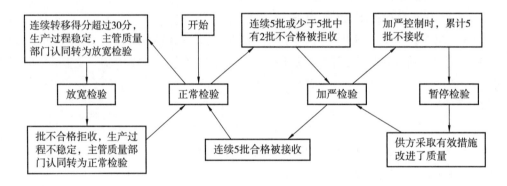

图 1－18　抽样检验严格程度转移规则示意图

GB/T 2828.1—2012《计数抽样检验程序　第 1 部分：按接收质量限（AQL）检索的逐批检验抽样计划》是我国颁布的计数调整型抽样检验标准，等同于 ISO 2859－1：1999。它是以合格质量水平 AQL 为质量指标，其主要优点，在于对产品质量具有较好的辨别能力，通过调整检验的宽严程度，能鼓励和促进生产方更好地重视提高产品质量，也为使用方择优选择产品供应方提供了科学的依据。此外，还具有抽样数量少、检验费用低等优点，因此被广泛应用于外购件、外协件、原材料采购、工序检验、零部件和产品成品检验。原则上适用于连续批检验。

2. 计数调整型抽样的基本体系

（1）不合格分类

不合格是指单位产品的任何一个质量特性不符合规定要求。按质量特性的重要性可

分为:

A类不合格:单位产品的极重要的质量特性不符合规定,或单位产品的质量特性极严重不符合规定。

B类不合格:单位产品的重要特性不符合规定,或单位产品的质量特性严重不符合规定。

C类不合格:单位产品的一般质量特性不符合规定,或单位产品的质量特性轻微不符合规定。

(2)不合格品分类

一个或一个以上不合格的单位产品称为不合格品。按不合格品类型可分为:

A类不合格品:有一个或一个以上A类不合格,也可能还有B类和(或)C类不合格的单位产品。

B类不合格品:有一个或一个以上B类不合格也可能还有C类不合格,但不包含A类不合格的单位产品。

C类不合格品:有一个或一个以上C类不合格,但不包含A类和B类不合格的单位产品。

(3)接收质量限(AQL)

接收质量限又称合格质量水平,是供需双方共同认为可以接收的连续交检批的过程平均不合格品率的上限。通常用不合格品百分数表示。交检批质量水平优于AQL时,适合使用正常检验,而质量水平劣于AQL时,适合使用加严检验,这是调整型抽样体系的核心。

AQL也可以说是买卖双方都认为满意的最大过程平均不合格品百分数。一般都在订货合同或技术标准中作出明确规定。在确定AQL时必须注意它是生产过程中所要求的质量指标,是一个过程平均不合格品百分数,而不是指单独的一批产品质量。通常是按需方要求的质量水平,又考虑供方可能提供的批的质量,既不能订得过高,增加生产成本,增大检验费用,又不能订得过低,满足不了需方必需的质量要求,因此必须供需双方协商定案。

AQL是计数调整型抽样检验的质量指标,也是制定抽样检验方案的重要参数,可用于检索抽样方案,也是生产方进行产品质量认证时的关键参数。

(4)检验水平(IL)

①检验水平的含义:检验水平是用来确定批量N与样本量n之间的关系的等级划分。在GB/T 2828.1—2012中,将一般检验水平分为Ⅰ、Ⅱ、Ⅲ级,判断能力:Ⅰ<Ⅱ<Ⅲ,将特殊检验水平分为S-1、S-2、S-3、S-4四级,判断能力:S-1<S-2<S-3<S-4,特殊检验水平的判断能力低于一般检验水平。在一般检验水平中,样本n大小的比例为:Ⅰ:Ⅱ:Ⅲ=0.4:1:1.6。样本n的大小是依据批量N的大小和检验水平来确定并利用一组字码来表示(见表1-10)。一般来说,检验水平相同,批量N增大,样本n也随之增大,但不是成正比例增加。N较大时,n占N的比例要小一些(见表1-11),在批量相同时,检验水平越高,n越大,则判断能力也越强。

表 1 - 10　样本量字码表

批量范围	特殊检验水平				一般检验水平		
	S－1	S－2	S－3	S－4	Ⅰ	Ⅱ	Ⅲ
2－8	A	A	A	A	A	A	B
9～15	A	A	A	A	A	B	C
16～25	A	A	B	B	B	C	D
26～50	A	B	B	C	C	D	E
51～90	B	B	C	C	C	E	F
91～150	B	B	C	D	D	F	G
151～280	B	C	D	E	E	G	H
281～500	B	C	D	E	F	H	J
501～1 200	C	C	E	F	G	J	K
1 201～3 200	C	D	E	G	H	K	L
3 201～10 000	C	D	F	G	J	L	M
10 001～35 000	C	D	F	H	K	M	N
35 001～150 000	D	E	G	J	L	N	P
150 001～500 000	D	E	G	J	M	P	Q
≥500 001	D	E	H	K	N	Q	R

②检验水平的选择：一般检验水平Ⅱ为正常检验水平，在没有特殊要求时，均采用检验水平Ⅱ。当宁愿花费较多的检验费用，也要提高对产品的批质量的判断能力时，宜采用一般检验水平Ⅲ；当可以降低对批质量判断能力，以求适当减少检验费用，稍微增加一点使用方风险也认为是可行时，可采用一般检验水平Ⅰ。特殊检验水平由于样本 n 较小，判断能力较低，只适宜用于破坏性检验，检验费用特高和检验时间太长的场合。

总结实践体会，选择检验水平的一般原则是：

——结构简单，价格低廉的产品，检验水平可选择较低一些；反之，结构复杂，价格昂贵的产品要选择较高一些的检验水平。

——生产过程不稳定，质量波动性大，宜选择较高检验水平；反之，稳定性高且是连续生产的场合，宜选用低的检验水平。

——检验费用高，检验时间长，宜选用较低的检验水平。

——当要求大于 AQL 的劣质批尽量不错判为合格批则宜选用较高的检验水平。

（5）抽样方案的类型

在 GB/T 2828.1—2012 中规定有一次、二次和五次抽样三种类型。在 AQL 值相同，批量范围、检验水平和抽样方案的严格性也相同时，这三种抽样方案的 OC 曲线基本上是相同的，对批质量的判断能力也是基本相同。

一次抽样只抽取 n 一个样本，二次抽样要抽取 n_1、n_2 两个样本，五次抽样则要抽取 n_1、n_2、n_3、n_4、n_5 五个样本。对应的一次、二次和五次抽样方案，单个样本大小之比为

表1−11 正常检验一次抽样方案（主表）

接收质量限（AQL）

样本量字码	样本量	0.010	0.015	0.025	0.040	0.065	0.10	0.15	0.25	0.40	0.65	1.0	1.5	2.5	4.0	6.5	10	15	25	40	65	100	150	250	400	650	1000
A	2	↓	↓	↓	↓	↓	↓	↓	↓	↓	↓	↓	↓	↓	↓	↓	↓	0 1	1 2	2 3	3 4	5 6	7 8	10 11	14 15	21 22	30 31
B	3	↓	↓	↓	↓	↓	↓	↓	↓	↓	↓	↓	↓	↓	↓	↓	0 1	1 2	2 3	3 4	5 6	7 8	10 11	14 15	21 22	30 31	44 45
C	5	↓	↓	↓	↓	↓	↓	↓	↓	↓	↓	↓	↓	↓	↓	0 1	1 2	2 3	3 4	5 6	7 8	10 11	14 15	21 22	30 31	44 45	↑
D	8	↓	↓	↓	↓	↓	↓	↓	↓	↓	↓	↓	↓	↓	0 1	1 2	2 3	3 4	5 6	7 8	10 11	14 15	21 22	30 31	44 45	↑	↑
E	13	↓	↓	↓	↓	↓	↓	↓	↓	↓	↓	↓	↓	0 1	1 2	2 3	3 4	5 6	7 8	10 11	14 15	21 22	30 31	44 45	↑	↑	↑
F	20	↓	↓	↓	↓	↓	↓	↓	↓	↓	↓	↓	0 1	1 2	2 3	3 4	5 6	7 8	10 11	14 15	21 22	30 31	44 45	↑	↑	↑	↑
G	32	↓	↓	↓	↓	↓	↓	↓	↓	↓	↓	0 1	1 2	2 3	3 4	5 6	7 8	10 11	14 15	21 22	30 31	44 45	↑	↑	↑	↑	↑
H	50	↓	↓	↓	↓	↓	↓	↓	↓	↓	0 1	1 2	2 3	3 4	5 6	7 8	10 11	14 15	21 22	30 31	44 45	↑	↑	↑	↑	↑	↑
J	80	↓	↓	↓	↓	↓	↓	↓	↓	0 1	1 2	2 3	3 4	5 6	7 8	10 11	14 15	21 22	30 31	44 45	↑	↑	↑	↑	↑	↑	↑
K	125	↓	↓	↓	↓	↓	↓	↓	0 1	1 2	2 3	3 4	5 6	7 8	10 11	14 15	21 22	30 31	44 45	↑	↑	↑	↑	↑	↑	↑	↑
L	200	↓	↓	↓	↓	↓	↓	0 1	1 2	2 3	3 4	5 6	7 8	10 11	14 15	21 22	30 31	44 45	↑	↑	↑	↑	↑	↑	↑	↑	↑
M	315	↓	↓	↓	↓	↓	0 1	1 2	2 3	3 4	5 6	7 8	10 11	14 15	21 22	30 31	44 45	↑	↑	↑	↑	↑	↑	↑	↑	↑	↑
N	500	↓	↓	↓	↓	0 1	1 2	2 3	3 4	5 6	7 8	10 11	14 15	21 22	30 31	44 45	↑	↑	↑	↑	↑	↑	↑	↑	↑	↑	↑
P	800	↓	↓	↓	0 1	1 2	2 3	3 4	5 6	7 8	10 11	14 15	21 22	30 31	44 45	↑	↑	↑	↑	↑	↑	↑	↑	↑	↑	↑	↑
Q	1250	↓	↓	0 1	1 2	2 3	3 4	5 6	7 8	10 11	14 15	21 22	30 31	44 45	↑	↑	↑	↑	↑	↑	↑	↑	↑	↑	↑	↑	↑
R	2000	↓	0 1	1 2	2 3	3 4	5 6	7 8	10 11	14 15	21 22	30 31	44 45	↑	↑	↑	↑	↑	↑	↑	↑	↑	↑	↑	↑	↑	↑

注：每个单元格内数字依次为 Ac Re。

↓——使用箭头下面的第一个抽样方案。如果样本量等于或超过批量，则执行100%检验。

↑——使用箭头上面的第一个抽样方案。

Ac——接收数。

Re——拒收数。

1∶0.63∶0.25。三种抽样方案各有利弊，究竟选用哪种为好，需经综合考虑后再作决定，通常要考虑的因素有：

①检验费用：为了减少检验工作量，降低检验费用，宜选用二次或五次抽样方案。因为二次抽样的平均样本(ASN)要比一次抽样的样本 n 小，而五次抽样的平均样本(ASN)就更小了。

②管理难易：为了抽样检验易行，方便管理，宜选用一次抽样，因为二次或五次抽样实施起来比较复杂，检验工作量随质量的好坏变化大，需要较高的管理水平。此外，二次或五次抽样需要较深的抽样知识，更增加了对检验员培训要求，管理上较为困难。

③心理因素的效果：为了抽样方案易为人们所接受，从心理效果上看，宜先用二次或五次抽样方案。尽管三种方案 OC 曲线相同，对批质量的判断能力相同，但无论是生产方或使用方总觉得使用多次抽样要较为公平合理和可信。

3. 抽样方案的确定与实施

(1)抽样方案的确定

在使用 GB/T 2828.1—2012 标准来确定抽样方案前，先要确定下列五项内容：

①接收质量限(AQL)。

②检验水平。

③抽样方案的类型(一次、二次或五次抽样)。

④抽样方案的严格程度。

⑤批量。

在上述五项内容确定后，就可以查看抽样表来确定符合要求的抽样方案。

(2)抽样方案的实施步骤

①查表确定抽样方案：首先根据批量和已确定采用的检验水平查表 1－10，确定样本量字码，再根据样本量字码和接收质量限 AQL，在 GB/T 2828.1—2012 中检索抽样方案，检索抽样方案当在栏内遇到箭头时，则使用箭头下面的第一个抽样方案，这时要特别注意的一点是：一定要包括样本大小 n 和判定数组 Ac、Re，都同时采用箭头下面的第一抽样方案所列数值。

②抽取样本：要以随机抽取或以能代表批质量的方法抽取样本，当检验批由若干层组成时，就以分层抽样方法抽取样本。在使用二次或五次抽样方案时，每个样本都应从整批中抽取。抽取样本的时间，可以在批的形成过程中，也可以在批组成之后。

③检验样本：根据产品技术标准或订货合同中对单位产品规定的检验项目，逐件逐项进行检验，并累计不合格品总数或不合格总数。

④判断批合格或不合格，并作出处理。

(3)应用举例

【例1－3】某厂对热处理零件硬度进行试验，采用计数调整型二次抽样方案，具体做法如下：

①质量标准：按工艺规程规定的硬度要求，并根据产品等级不同，分为创优产品、一等品和合格品，每种零件又根据其在产品中的重要程度分为主要零件和一般零件。

②检验水平：主要零件采用一般检验水平Ⅰ，一般零件采用特殊检验水平 S-4。

③合格质量水平：按产品等级，对主要零件和一般零件分别规定 AQL 值，如表 1-12 所示。

表 1-12 热处理零件硬度检验的 AQL 值/%

产品等级	零件类别	
	主要零件	一般零件
创优产品	2.5	6.5
一等品	4.0	6.5
合格品	6.5	10

④抽样方案类型：决定采用计数调整型二次抽样方案，并从正常检验开始。

⑤批量 N：淬火零件的批量，一般以一炉或当班连续生产（没有改变生产条件）同批送检数量，根据该厂实际情况，通常批量 N 不超过 1 000 件。

⑥抽样方案：根据确定的检验水平和交检批量 N 查表 1-10 得出样本量字码。再由规定的 AQL 和样本量字码，按正常检验、加严检验和放宽检验分别查 GB/T 2828.1—2012 中表 3-A、表 3-B、表 3-C，得出相应的抽样方案。

现假定送检的批量为 450 件，系创优产品的主要零件，AQL = 2.5%，按一般检验水平Ⅰ查表 1-10 得样本大小字码 F，再查 GB/T 2828.1—2012 中表 3-A、表 3-B、表 3-C，得抽样方案为：

二次正常检验，第一次，$n_1 = 13$，$Ac_1 = 0$，$Re_1 = 2$；
 第二次，$n_2 = 13$，$Ac_2 = 0$，$Re_2 = 2$；
二次加严检验，第一次，$n_1 = 20$，$Ac_1 = 0$，$Re_1 = 2$；
 第二次，$n_2 = 20$，$Ac_2 = 0$，$Re_2 = 2$；
二次放宽检验，第一次，$n_1 = 8$，$Ac_1 = 0$，$Re_1 = 2$；
 第二次，$n_2 = 8$，$Ac_2 = 0$，$Re_2 = 2$。

在第一次抽取样本，经检验能作出批合格和不合格判断时，就无需再抽第二次样本，只有当 $Ac_1 < Re_1$ 时，才抽取第二次 n_2 进行检验，对 n_2 检验后，需将 $d_1 + d_2$ 来作出批合格与否的判断。

四、孤立批抽样检验

1. 孤立批抽样检验标准

GB/T 2828.2—2008《计数抽样检验程序 第 2 部分：按极限质量（LQ）检索的孤立批抽样检验方案》，专门用于孤立批的抽样检验。在生产实际中孤立批的情况主要有：从连续稳定生产的供应商处采购的一批或少数几批产品的验收；质量波动大，忽好忽坏的产品批的检验或新产品小批试制过程中加工的产品检验。

2. 孤立批抽样方法的特点

（1）GB/T 2828.2—2008 中规定以极限质量 LQ 为质量指标。对一个产品来说，是否被接收，取决于生产方式或使用方对检验批的质量要求，而极限质量 LQ 是与较低的接收概率相对应的一种质量水平，是使用方所不希望的质量水平。

（2）根据产品来源的不同而区分检验模式。GB/T 2828.2—2008 根据产品批的来源不同，提供了两种抽样模式。

模式 A 是在生产方和使用方均为孤立批的情形下使用，如单件小批生产，质量不稳定产品批，新产品试制的产品批的检验。

模式 B 针对来自于稳定的生产过程的少数几批产品的验收，即对生产方是连续的，而使用方由于对这种产品采购的批数较少，对它而言应视为孤立批。

（3）孤立批抽样检验方案 GB/T 2828.2—2008 的抽样检验程序如下：

①规定单位产品需检验的质量特性，并规定不合格的分类；

②根据产品批的来源选择合适的抽样模式；

③规定检索所需的要素，检索抽样方案。

不同的抽样检验模式所需规定的检索要素是不同的，对于模式 A 必须规定极限质量 LQ、批量 N 和抽样类型。极限质量的规定方法与 AQL 相似，因为它们均是对质量水平提出的要求，只不过极限质量 LQ 是批不可容许的质量水平，因此对于同一产品 LQ 值的大小应与以往规定的 AQL 值拉开一定距离，如果两个值太接近，会使检索出的抽样方案样本量过大，如果两个质量水平相差太远，又会使抽样方案过于宽松。批量 N 的大小根据生产实际组批，组批的要求与前面的内容相同，即孤立批抽样检验两种模式均给出了一次和二次抽样方案，抽样类型的选取与 GB/T 2828.1—2012 相同。

孤立批的抽样方案的 B 模式除规定以上要素外，还要给出检验水平，因为 B 模式的设计是根据极限质量 LQ、批量 N、检验水平的抽样类型设计的。在 B 模式中检验水平的规定与 GB/T 2828.1 相同，仍为 4 个特殊水平和 3 个一般检验水平。但是在孤立批检验标准中检验水平的作用和 GB/T 2828.1 有所不同，B 模式中规定在极限质量处的接收概率很低，因此只要给出了极限质量，无论是选择哪个检验水平，在极限质量处的接收概率相差不大。不同的检验水平在对检验批规定极限质量相同的情况下对使用方的影响较小，而对生产方的影响较大，如当 $N = 10\ 000, LQ = 2.0(\%)$ 时，检验水平为 II 的抽样方案为（200，1），当检验水平为 III 时，抽样方案为（315，3）。两个方案在极限质量处的接收概率相差不大，而在生产方风险为 5% 处的质量水平相差很大。当极限质量与过程平均相差较大时，可以选择较低检验水平。

五、挑选型计数抽样检验

挑选型计数（又称选别型）抽样检验是以不合格品率表示产品批的质量。用预先规定的抽样方案对批进行检验，合格的批直接被通过。不合格批须经全数检验将其中的不合格品换成合格品（包括经整修为合格品）后再被通过或接收。挑选型计数抽样检验程序图解见图 1-19。详细内容，可查阅 GB/T 13546—1992《挑选型计数抽样检查程序及抽样表》。

经抽样检验被判为不合格的批，还需进行全数检验，挑剔出不合格品（包括修整或更

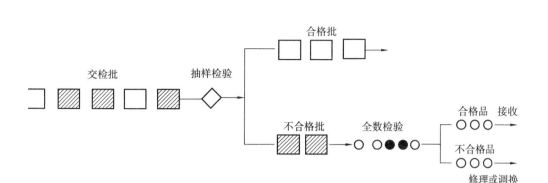

图1-19 挑选型计数抽样检验程序图解

换），这是挑选型抽检的特征。因此，对于破坏性检验不适宜，因为全数检验是不可能的。

挑选型计数抽样检验通常适应于下列场合：

(1)产品一批接一批的入库时；

(2)各工序间半成品转序交接时；

(3)向指定用户连续供货时。

六、连续生产型计数抽样检验

连续生产型计数抽样检验，是在连续制造产品的过程中进行的，可将产品质量控制在规定的平均质量水平内。其基本做法是：在开始检验时，逐个检验每个产品，如果接连 i 个产品都合格，接下去采用抽样检验，在相邻的每 j 个产品中任抽 R 个进行检验，只要没有不合格品出现，就连续采用抽检；一旦出现不合格品，立即恢复逐个检验。在整个过程中所发现的不合格品，有两种处理方法：一种为如数替换成合格品；另一种则是简单的剔除。

这种抽样检验方式适用在以下场合：

(1)采用传送带方式连续生产的产品的连续检验；

(2)代替对抽检不合格批的全数检验；

(3)接收质量限(AQL)要求严格的抽检的预检验；

(4)代替一般允许混入少量不合格品的全数检验。

七、计量抽样检验

计量抽样检验与计数抽样检验相比较，其突出的优点是：在同等可靠度下，该方案显著降低了样本大小，而且能得到产品质量状况较精确的信息，特别适用于与计量控制图配合使用。然而，计量抽样检验，无论从原理上还是实践方面，都要比计数抽样检验复杂得多。它不像计数抽样检验那样可以把多个项目综合起来，使用一个抽样方案。如有三个计量项目，就需三个计量方案。因此，在实际应用中，可以对多数检验项目采用计数抽样检验，只对特别重要的极少数项目采用计量抽样检验。

关于计量抽样检验，我国已参照国际标准 ISO 3951：2005 制定了 GB/T 6378.1—2008《计量抽样检验程序　第 1 部分：按接收质量限（AQL）检索的对单一质量特性和单个 AQL 的逐批检验的一次抽样方案》，规定以不合格品率表示接收质量限（AQL）为质量指标的一次计量抽样方案和检验程序。适用于交检批为连续批，被检质量特性服从或近似服从正态分布，且规定了用于判定被检质量特性合格与否的规范限，包括单侧规范限和双侧规范限，标准中提供的正常检验方案也可以用于孤立批的检验。

复习思考题

1. 简要阐明什么是抽样检验。
2. 抽样检验分哪几类？
3. 什么是抽样特性曲线？
4. 计数标准型一次抽样检验有哪些特点？
5. 简述计数调整型抽样检验方案及其特点。
6. 什么叫接收质量限（AQL），有何作用？
7. GB/T 2828.1 标准是怎样划分检验水平（IL）的？
8. 选择检验水平要依据什么原则？
9. 什么是计量抽样检验？它有什么优点？

第五节　机械产品质量检验方法

产品质量检验的科学性、先进性很大程度上取决于检验方法的科学性、先进性。产品质量检验科学技术的进步促进其质量检验方法的技术创新及检验和试验仪器设备的迅速更新换代。现代质量检验中所使用的计量器具、仪器仪表及各种测试和试验设备成千上万，其结构性能、规格型号、要求用途、作用原理各不相同，但其质量检验应用的基本科学原理却不外乎是物理学的、化学的和生物学的。

现在质量检验主要的技术方法有理化检验、感官检验、生物检验和在线检测几种类型，这几类检验的技术方法各有其特点和适用范围。在具体采用时，一定要根据被检产品的质量特性要求，产品的生产规模、生产条件，检测技术复杂性，所需检测能力及检测经济性综合考虑，本着适用适当的原则经济合理地选用。不应盲目追求检测技术越先进越好，测量性能越高越好，检测能力越大越好，以免适得其反。

一、理化检验

应用物理的、化学的技术方法，采用理化检验的设备（如计量器具、仪器仪表和测试设备)或化学物质，按一定的测量或试验要求对产品进行检验的方法。理化检验通常都可以得到定量的测量值或定性的检测结果。

1. 物理检验

物理检验是应用物体(质)的力、电、声、光、热及位移等物理学原理和各种检测仪器设备对表征质量特性的产品性能或参数的物理量进行的检验。在物理检验过程中一般不会发生被测物的质的改变。

在工业生产中许多量具就是利用物体在三维坐标方向的准确位移的原理来测量产品的长度等几何量。

测力计是利用弹簧受力变形产生位移，位移大小和受力大小成正比的原理，得到相应的力值。

指针式万用表是利用电流通过线圈产生电磁感应作用的偏转力而带动表头指针转动的物理现象，来测量电流、电压、电阻等基本的电参数。

流量计利用流体(气体、液体)的流动性能驱动流道中的叶轮转动而累计流体通过的容积多少，典型如水表、燃气表及蒸汽流量表等。

现代常用超声波探伤仪来检查产品或材料中存在的内部缺陷，就是应用声波(超声波)在物理介质(被检物件、材料)中传播时，因其内部缺陷而改变反射波传播路径和强弱的声学原理。

2. 化学检验

化学检验是应用化学物质(化学试剂)和试验仪器，依据一定的测试方法以确定产品(被测物质)的化学组分及含量所进行的检验。化学检验过程中会伴随物质的化学反应发生。化学检验有定性分析和定量分析。

根据分析方法的不同可分为：

(1)化学分析法

以物质的化学反应为基础进行检验，通过化学反应及一系列规定的操作步骤使试样中的被测物质转化为另一种较为纯粹的固定化学组成的化合物。

(2)仪器分析法

主要是借助专业用途的仪器设备进行检验。通过测量被测物质或被测物质化学反应的光学性能(如吸光度、吸收光谱)、电学或电化学性能(电流、电位)等物理的或物理化学的性质得到所测物质的组分含量的方法。

日常测试溶液酸碱度(pH)的方法，可以用一种标准试纸浸入被试的酸碱化学溶液中，试纸因化学反应呈现出不同的颜色，对照色卡上不同颜色的转换可以分辨出溶液的性质及浓度(酸性为红色，碱性为蓝色，中性为绿色)。

日常用来检查电冰箱制冷介质是否泄漏的最常用检漏工具是卤素灯，它应用了泄漏的制冷介质(氟利昂)气体被吸入卤素灯接触火焰分解，并和炽热的金属铜发生化学反应生成新的化合物，使火焰颜色发生变化的化学原理。泄漏量不同火焰颜色不同，两者有着对应的关系。

二、感官检验

1. 感官检验的基本概念

感官检验是依靠检验人员的感觉器官进行产品质量评价或判断的检查。一般是通过人的自身器官或借助简便工具，以检查产品的色、味、形、声响、手感、视觉等感觉来定性地判断其质量特性。

2. 感官检验的重要性

感官检验是重要的检验手段之一。其重要性主要在于许多产品的某些质量特性只能依靠感官检验。例如，啤酒的透明度、色泽、泡沫、滋味和香气，家用电器的标志、涂装、变形、破裂，纺织品的色泽、条干、花型、风格、外观疵点，产品的包装好坏，机器设备操纵灵活性及使用、维护的方便性等。

感官检验的重要性还在于检验所提供的感官质量是向用户反映的第一信息。用户对于产品内在质量特性往往由于缺乏必要的技术知识和检验手段而无法感知，但是对于感官质量，用户能首先直觉感知，因此对它的质量很有发言权。感官质量特性好的产品，往往会受用户欢迎，易于接受、购买，特别是日用消费品。

3. 感官检验的优缺点

感官检验的优点是：方法简便易行，不需要特殊的仪器、设备和化学试剂，判断迅速，成本低廉，因此在产品检验中广泛采用。

感官检验的缺点是：感官检验属于主观评价的方法，检验结果易受检验者感觉器官的敏锐程度、审美观念、实践经验、判断能力、生理、心理(情绪)等因素影响，因而要求检验人员有较高的素质、较丰富的经验、较强的判断能力，否则容易出现不确切的判断或错判、误判。

4. 感官检验的分类

(1)分析型感官检验

分析型感官检验是对产品的固有质量特性的检验。这类质量特性是不受人的感觉、嗜好影响，只根据产品的物理、化学状态而区分的特性，这种特性是产品所固有的，例如产品的形状、声响、颜色等。对这类质量特性中的某些特性，可以用适当的仪器来检验。但利用人的感官进行检验，在某种程度上具有快速、经济等优点，有时甚至还具有相当高的精度。因此，现在不少方面仍然采用感官检验。分析型感官检验的准确性与检验人员实践经验积累的程度有密切关系，往往需要由训练有素的、具有较高敏感性和反应一致性的人员来承担，

(2)嗜好型感官检验

嗜好型感官检验是以人为测定器，调查、研究质量特性对人的感觉、嗜好状态的影响程度。这一类是受人的感觉、嗜好所影响的特性，例如食品的味道、衣服的款式、乐器的音乐等。这种检验只能而且必须要用人的感官进行。例如，化妆品的香型、家具的色泽、产品的造型等，不同人的感觉、嗜好可能不同。尽管人们也在设法采用仪器进行测定，但

效果不好。这种检验的主要问题是如何能客观地评价不同人的感觉状态及嗜好的分布倾向。

5. 感官检验结果的表示方法

感官检验结果是感官质量,一般多采用以下表示方法:

(1)数值表示法

数值表示法是以感觉器官作为工具进行计数、计量给出检验结果。如肉眼目测进行外观检查,给出不合格点的具体数量及粗略估计的量值、尺寸等。

(2)语言表示法

语言表示法是最一般的感官质量定性表示方法,用感官质量特性的用语(如酸、甜、苦、辣、咸)和表示程度的质量评价用语(如优、良、中、差)组合使用来表示质量。

(3)图片比较法

图片比较法是将实物质量特性图片和标准图片比较,作出质量评价(金属的显微组织图片)。

(4)检验样品(件)比较法

检验样品(件)比较法是将实物产品质量特性和标准样品(件)、极限样品及程度样品进行比较判定(油漆样板、表面粗糙度样板、电焊样板、喷砂样板、板材样品等)。

三、生物检验

生物检验包含微生物检验和动物毒性试验。

1. 微生物检验

微生物和人类的关系十分密切,绝大多数微生物对人和动物的生活是有益而且必需的,如农业用细菌肥料、农药、发酵饮料、酿造业、制革、石油脱蜡、医药工业上的抗生素和各种生物制品,都有微生物参与发挥作用,或是由微生物代谢产物制成的。但有些微生物对人和动物是极其有害的,会严重影响人体健康,或使人和动植物发生传染病。

根据检验的目的(用途),微生物检验又可分为两类:

一类是用一定技术方法检查产品是否带有有害微生物(群),是否符合国家卫生安全法规、标准限制要求的检验。

目前,世界各国对致病性微生物引发的食源性疾病防治非常关注,对食源性疾病传染媒介物——食品的管理、控制和检验非常重视。我国对食品(包括肉、蛋、乳及其制品、水产品、清凉饮料、罐头、糖果、糕点、果脯、调味品、蔬菜、瓜果、冷食菜、豆制品、酒类等)、饮用水、药品和一些与人体健康直接有关的重要产品(如消毒卫生巾、消毒医疗器械、化妆品、食品添加剂、食品包装容器、包装材料)均规定了卫生标准,以严格控制细菌污染,防止各种有害的病原微生物污染、侵入人体。因此,积极开展微生物检验是极其必要的,是保证产品质量,保护人类身体健康的重要手段。

另一类是利用已知的微生物(群)对产品的性质进行检验,根据所得的结果,对照有关国家标准,判断产品是否具有某种(些)质量特性。例如,消毒剂的消毒效果试验、生物降解性能试验等。

2. 动物毒性试验

动物毒性试验是采用代谢方式与人类近似的哺乳动物，将一定剂量的待测物质，采用某种方式进入动物机体后，观察实验动物所引起的毒性效应的试验方法。动物试验多采用幼小动物，如小白鼠、家兔、鸽等。为最大限度防止生产和生活中使用的产品对人体的伤害，一些化工、轻工产品、新资源食品、农药及化妆品等，必须按国家规定的程序进行毒理学评价，而毒理学评价一般是采用动物毒性试验的方法作出的。

四、在线检测

1. 在线检测基本概念

(1)在线检测(测量)是指产品质量检验的检测装置或测量、试验设备(系统)集成在产品的生产过程中，构成过程装备的组成部分。根据程序设定的要求，对需要控制的参数实现自动监测和控制的检测方法。

(2)依托微电子技术、传感技术、自动控制技术、计量测试技术、信息和数据转换和传输技术、计算机的数据系统识别和处理技术基础之上的在线检测技术，是多学科多门类高新技术互相渗透融合的综合应用。现代工业自动化生产(不论是刚性的或是柔性的)都需要在线的自动检测，对控制生产过程能力和保障产品质量提供有效的技术支撑。

(3)现代在线检测的特点是产品质量的检验和产品形成的工艺过程两者是同时在生产线实现的，测量伴随产品的形成在不间断地进行。测量的目的是获取测量信息和数据不断地和存储在数据库中设定的参照值进行比较，判别(评价)产品质量特性值的符合性。同时可发出工艺过程发生的变异及变化趋势的预告，判断是否需要进行工艺参数的调整(纠正)，需要时，或通过人工或机器自动进行调整，以达到预期对过程质量控制的要求。在线检测的采用，使产品的监视和测量与对过程的监视和控制功能合二为一，无法机械地分清是检测装置还是监控装置。

(4)通过计算机实现检测和监控过程有机的协调和融合，甚至会共同组成一个自适应的闭环控制系统。因此，检测装置就成了生产设备中不可分割的组成部分。正常情况下，生产设备必须有自动检测装置，自动检测装置必须依托生产设备实现检测功能。

2. 在线检测应用

(1)现代工业生产日趋向高速度、高精度、高质量要求的方向发展，催生了以精密化、自动化、柔性化、信息化、智能化、集成化为特征的先进制造技术，使质量检验的检测技术和方法取得了重大的突破。现代在线检测技术的成熟和应用，使产品质量检验本身的功能、效率得到了极大的提升，而且对提高企业的生产效率和技术水平，保证产品质量起到了重要作用。

(2)根据在线检测(测量)在生产中应用的不同，又可分为主动测量和自动测量。主动测量是在产品(工件)、加工过程中根据不同加工要求实时进行的，加工的同时也在进行测量，以控制加工各个阶段能满足加工要求，最终获得符合规定要求的产品。一般主动测量多用在单台(机)生产设备的在线检测。自动测量是产品(工件)在生产线上加工完成后立即在线上对产品(半成品、成品)进行测量,通过测量数据的输出反馈信息,调整加工过程获得符合规定要求的产品。通过线上自动分选装置分离不合格品。

(3)近代,一种赋予机器有类似生物体所特有的视觉信息处理能力的机器视觉技术被应用在工业产品质量检验中,其原理是基于光学成像设备的影像技术和计算机的图形图像处理技术。目前,机器视觉已经能够替代人的视觉器官对目标物(产品)特征进行识别、跟踪和测量,被用于在线检测,可以实现难测部位(锥面、斜面甚至曲面)的检测,探查不同维度和轮廓上的表面缺陷及零件的瑕疵和变形。在工业生产中应用的实例有检验汽车零部件的外观质量、IC 字符印刷的质量、电子电路板焊接质量等,并可代替人工通过感官或结合显微镜观察进行检验,准确获取检测数据。更适合用在环境恶劣、危险场所、人工作业艰难或人工视觉难以满足要求的场合进行检验工作。

(4)在线检测的方法属于比较法测量,它的过程控制参数的设定和调整是参照人工检测得到的原始结果确定的,因此其检测方法再先进也不可能完全摆脱和放弃人工检测,只能解决大量人工检测的劳动量被机器自动检测代替。实际应用时应将在线检测和人工检测有机地结合,才能使在线检测收到更好的成效。

3. 在线检测优点

(1)传统检验方法是离线检测,产品只能在某一作业过程完成后,在生产线外按要求进行事后检验;在线检测可以在产品形成过程中同步在线上进行多参数的测量,最大限度地扩大检测范围,因此,不仅不需要花费离线检测的时间,而且节省了产品搬运至检测场所的过程。

(2)传统检验是产品形成后进行的被动检测,是事后把关,无法避免不合格品产生;在线检测可以在产品完成之前的过程中实施主动或自动测量,同时根据测量结果的需要适时调整工艺过程参数,能极大限度地避免或减少不合格品产生。

(3)传统检验一般多靠人工手工作业,检测效率不高,且会受到检测人员人为因素的影响;在线检测可消除人为的影响因素,极大地提高了检测的效率和质量。

(4)传统检验不易对庞大的测量数据进行采集、统计、整理、分析和处理,为此可能要付出较大的人力、物力资源和时间,效率低、成本高;而在线检测不仅可以实现实时测量和监控,自动采集测量数据,而且可以通过计算机将采集测量数据进行统计、分析、处理、存储等,相关信息还可以通过网络传输到相关部门,其效率之高、速度之快是传统检验及人工处理根本无法相比的。

4. 在线检测局限性

(1)在线检测的适用性存在一定的限制,它要和生产设备协调配合使用,较适用于过程的自动监控;在线检测还无法应用于传统的生产设备上;不宜用于产品的最终检验,尤其结构、性能复杂的产品。

(2)由于在线检测的使用条件或检测设备的结构性能条件所限,其准确度、精密度还比不上同类参数线外检测的特定专用检测设备,因此对于精度要求较高的测量还不宜使用。

（3）在线检测设备及其相应的生产设备，对其生产和使用的环境有较高的要求（如室内环境温湿度波动要小；不能有振动源和较强的电磁干扰源，测量设备应具有一定的抗干扰能力；室外气候和环境不能有明显的风沙和粉尘，否则房屋建筑要有较好的密封粉尘措施）。

（4）在线检测要求设备的使用、调整及维护要有较高技术素质和能力的作业技术人员。

（5）在线检测不可能完全取代人工检测的验证活动，如投入使用前或故障修复后调整的检测验证，以及正常生产过程中的周期检测验证确认（如首、末件的人工检测）。

复习思考题

1. 常见产品检验技术有哪些？
2. 感官检验的结果有哪些表示方法？
3. 什么是在线检测？
4. 在线检测有哪些应用？
5. 在线检测的优点及局限性？

第六节　质量检验记录

一、质量检验记录的作用和管理方法

1. 质量检验记录的作用

为了对原材料、辅料、外购配套件、外协件进厂验收、零件加工、产品装配和成品性能测试等各项检验结果作出明确记载，以证明其质量结论，并装订成册存档备查，需备有各种检验记录表格。对设计和管理质量检验记录的一项重要要求，就是要确保质量可追溯性。即一旦发现质量有问题，能够查明产品批号、制造年月、投入初始状态，并可找出责任操作者和检验员，以便于查找分析质量问题产生的原因和作出处置。

2. 质量检验记录的管理方法

在检验记录中，常用下列方法来保证产品质量可追溯性：

（1）日期管理法

日期管理法用于连续生产的产品。日期管理法的日期常以一些主要检验工作作记载。例如，原材料、配套件出库检验，完工检验，成品检验，包装检验等日期，对有些重要零件在检验记录作日期记载的同时，还可把日期编号作为质量可追溯性标志，打在零部件上。

（2）批次管理法

批次管理法用于重大、精密和价高的产品。批次管理法的检验记录，采用将检验记录表，随产品或零件加工流程流动，每检验一道记载一道，直到该批产品加工完毕后，检验记录存档备查。也有采用在组织生产时，分批投料，在零件上标注产品的批次编号，当产品装配时，再整理记载出各加工零件、配套件的批次、投产日期、实际投产的材料、制造期间加工条件及检测结果、操作者和检验员，各项记录齐全后，存档备查。

（3）连续编号管理法

连续编号管理法常用于消费品和机械产品制造中。产品检验时，在检验记录上，按连续编号记录产品制造和装配情况。

二、质量检验记录的种类

检验记录的种类很多，其格式和内容，需根据使用场合和被检质量特性的实际情况来设计。常用的检验记录有：

1. 进货验收检验记录

进货验收检验记录用于原材料、外协件、外购配套件等进厂验收检验。常以台账或日记的格式记录各批次进货检验结果。表1－13为某厂外购配套件进货验收检验记录，供作参考。

表1－13 外购配套件验收检验记录

零、部件号			零、部件名称			用于产品名称	
日期	供货单位	订货合同	数量（件）	抽检数量	检验结果简述与结论	检验员	备注

2. 生产现场检验记录

（1）工序检验记录

工序检验记录需根据工艺加工方法和检验方式来确定。一般可按铸件、锻件、冲压件、焊接件、热处理件和机加工件分别设计相应格式的检验记录。这类检验记录的内容通常需包括：件号、件名、材质、数量、技术要求、零件简图、检测结果、存在问题及处理意见、签章和日期。表1－14为铸铁件检验记录，表1－15为机加工工序零件检验记录，可供参考。

表 1－14　铸铁件检验记录

件　号		件　名		炉　号	
材　质		交检数量		交检日期	
检测部位及技术要求			检　测　结　果		
存在问题与处理意见：					
检验员			日　期		

表 1－15　机加工工序零件检验记录

日期	件号	件名	工序		检 验 结 果					检验员	备注
			序号	名称	交检	合格	工废	料废	其他		

（2）完工零件检验记录

完工零件检验记录，一般以日记或台账记录断续完工交库零件的检验结果，如表 1－16所示。对于主要零件的主要项目，则要列出检验项目、技术要求、实测结果、检验评定结论，如表 1－17 所示。

表 1－16　完工零件（一般零件）检验记录

日期	件号	件名	交检数	检验数	检 验 结 果				检验员	备注
					合格	退修	处理	报废		

66

表 1 - 17　完工零件(主要零件)检验记录

日期	件号	件名	交检数	检验数	实 测 结 果					备注
					1	2	3	4	5	

(3)成品检验记录

产品的规格、种类不同,需设计不同格式的成品检验记录。记录内容一般包括产品名称、型号、产品编号、检验日期、检验项目、技术项目、实检结果、装配单位和人员、检验员签章等项目。成品检验记录将作为产品结合部装配或总装质量的证明,存档备查。

第七节　质量检验结果的判定和处理

一、不合格品的控制程序

不合格品的控制程序是为识别和控制不符合质量特性要求的产品,并规定不合格品控制措施以及不合格品处置的有关职责和权限,以防止其非预期的使用或交付。

在整个产品形成过程中,存在不合格品是可能的,重要的是产品生产者应建立并实施对不合格品的控制程序。

产品生产者的质量检验工作的基本任务之一,就是在原材料、外购配套件、外协件进货,零部件加工到成品交付的各个环节,建立并实施对不合格品控制的程序。通过对不合格品的控制,实现不合格的原材料、外购配套件、外协件不接收、不投产;不合格的在制品不转序;不合格的零部件不装配;不合格的产品不交付的目的,以确保防止误用或安装不合格的产品。

不合格品的控制程序应包括以下内容:

(1)规定对不合格品的判定和处置的职责和权限。

(2)对不合格品要及时作出标识,以便识别。标识的形式可采用色标、标签、文字、印记等。

(3)做好不合格品的记录,确定不合格品的范围,如生产时间、地点、产品批次、零部件号、生产设备等。

(4)评定不合格品,提出对不合格品的处置方式,决定返工、返修、让步、降级、报废等处置，并做好记录。

（5）对不合格品要及时隔离存放（可行时），严防误用或误装。

（6）根据不合格品的处置方式，对不合格品作出处理并监督实施。

（7）通报与不合格品有关的职能部门，必要时也应通知顾客。

二、不合格品的判定

（1）产品质量有两种判定方法：一种是符合性判定，判定产品是否符合技术标准，作出合格或不合格的结论；另一种是"处置方式"判定，是判定产品是否还具有某种使用的价值。当产品出现不合格时，首先就是产品是否符合标准，接着就是不合格产品是否适合使用的问题。所以，处置性判定是在经符合性判定为不合格之后对不合格品作出返工、返修、让步、降级改作他用、拒收报废的处置过程。

（2）检验人员的职责是按产品图样、工艺文件、技术标准或直接按检验作业指导文件检验产品，判定产品的符合性质量，正确作出合格与不合格的结论。对不合格品的处理，属于适用性判定范畴。一般不要求检验人员承担处置不合格品的责任和拥有相应的权限。

（3）不合格品的适用性判定是一项技术性很强的工作，应根据产品未满足规定的质量特性重要性、质量特性偏离规定要求的程度和对产品质量影响的程度制定分级处置程序，规定有关评审和处置部门的职责及权限。

三、不合格品的隔离

在产品形成过程中，一旦出现不合格品，除及时作出标识和决定处置外，对不合格品还要及时隔离存放，以防止误用或误安装不合格的产品，否则不仅会直接影响产品质量，还会影响人身的安全、健康和社会环境，给产品生产者的声誉造成不良的影响。因此，产品生产者应根据生产规模和产品的特点，在检验系统内设置不合格品隔离区（室）或隔离箱，对不合格品进行隔离存放，这也是质量检验工作的主要内容。同时，还要做到以下几点：

（1）检验部门所属各检验站（组）应设有不合格品隔离区（室）或隔离箱。

（2）一旦发现不合格品及时作出标识后，应立即进行隔离存放，避免造成误用或误装，严禁个人或作业组织随意贮存、移用、处理不合格品。

（3）及时或定期组织有关人员对不合格品进行评审和分析处理。

（4）对确认为拒收和报废的不合格品，应严加隔离和管理，对私自动用废品者，检验人员有权制止、追查、上报。

（5）根据对不合格品分析处理意见，对可返工的不合格品应填写返工单交相关生产作业部门返工；对降级使用或改作他用的不合格品，应作出明显标识交有关部门处理；对拒收和报废的不合格品应填拒收和报废单交供应部门或废品库处理。

（6）对无法隔离的不合格品，应予以明显标识，妥善保管。

四、不合格品的处置

1. 不合格品处理程序

(1)一般生产组织

作业人员在自检过程中发现的不合格品和检验人员在检验过程中发现的不合格品经鉴别确认后，均应按不合格品处置程序处理。

对已作出标识的不合格品或隔离的不合格品由检验人员开具不合格品通知单(或直接用检验报告单)，并附不合格品数据记录交供应部门或生产作业部门。

供应部门或生产作业部门在分析不合格品的原因和责任及采取必要的控制措施的同时，提出书面申请，经设计、工艺等有关技术部门研究后对不合格品进行评审与处理。

责任部门提出对不合格品的评审和处理申请，根据不合格严重程度决定有关技术部门审批、会签后按规定处置程序分别作出返工、降级、让步接收(回用)或报废。一般情况下，报废由检验部门决定，返工、降级、让步接收(回用)由技术部门(设计、工艺部门)决定，但需征求检验部门意见。在特殊情况和各部门意见不统一时，还需经组织中最高管理层的技术负责人员(如技术副厂长或总工程师)批准。

当合同或法规有规定时，让步接收(回用)应向顾客(需方)提出申请，得到书面认可才能接受。

(2)设置不合格品评审专门机构的组织

军工企业或大型企业有的还设置不合格品评审机构(如委员会)，根据不合格的严重程度，分级处理。一般不合格可由检验部门、技术部门直接按规定程序处理；严重不合格由不合格品评审机构按规定程序处理，必要时组织相关部门专家进行评审后处理。

2. 不合格品的处理方式

根据 GB/T 19000—2016 的规定，对不合格品的处置有三种方式。

(1)纠正——"为消除已发现的不合格所采取的措施"。其中主要包括：

返工——"为使不合格产品或服务符合要求而对其所采取的措施"；

降级——"为使不合格产品或服务符合不同于原有的要求而对其等级的变更"；

返修——"为使不合格产品或服务满足预期用途而对其所采取的措施"。

(2)报废——"为避免不合格产品或服务原有的预期使用而对其采取的措施"。不合格品经确认无法返工和让步接收，或虽可返工但返工费用过大、不经济的均按废品处理。对有形产品而言，可以回收、销毁。

(3)让步——"对使用或放行不符合规定要求的产品或服务的许可"。

让步接收品是指产品不合格，但其不符合的项目和指标对产品的性能、寿命、安全性、可靠性、互换性及产品正常使用均无实质性的影响，也不会引起顾客提出申诉、索赔而准予放行的不合格品。让步接收实际上就是对一定数量不符合规定要求的材料、产品准予放行的书面认可。

对降级和让步要加以区分。其中降级是指"为使不合格产品或服务符合不同于原有要求而对其等级的变更",关键是要降低其等级。而让步则不包含"等级的改变",直接予以使用或放行。

不合格品无论被确定何种处理方式,检验人员都应立即作出标识并及时、分别进行隔离存放,以免发生混淆、误用错装。确定进行返工(或返修)的产品,返工(或返修)后须重新办理交检手续,经检验合格方可转序或入库,经检验确认仍不合格的按不合格品处置程序重新处理。

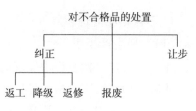

图1-20 不合格品处置方式

不合格品处置之间的关系如图1-20所示。

五、不合格品的纠正措施

纠正是为消除已发现的产品不合格所采取的措施,是对不合格品的一种处置方式,它的对象是"不合格和不合格品"。但仅仅"纠正"是不够的,它不能防止已出现的不合格在产品形成过程中再次发生。

纠正措施是生产组织为消除产品不合格发生的原因所采取的措施,只要措施正确、有效,就可以防止不合格再次发生。

"纠正措施"的对象是针对产生不合格的原因并消除这一原因,而不是对不合格的处置。

纠正措施的制定和实施是一个过程,一般应包括以下的几个步骤:

(1)确定纠正措施。首先是要对不合格进行评审,其中特别要关注顾客对不合格的抱怨。评审的人员应是有经验的专家,他们熟悉产品的主要质量特性和产品的形成过程,并有能力分析不合格的影响程度和产生不合格原因及应采取的对策。

(2)通过调查分析确定产品不合格的原因。

(3)研究为防止不合格再发生应采取的措施,必要时对拟采取的措施进行验证。

(4)通过评审确认采取的纠正措施效果,必要时修改程序及改进体系并在过程中实施这些措施。跟踪并记录纠正措施的结果。

这种措施可以包括诸如程序和体系等的更改,以实现质量环中任一阶段的质量改进。纠正措施涉及消除产生不合格的原因。

纠正措施的内容应根据不合格的事实情况,针对其产生的原因来确定。在产品质量形成全过程中,产生不合格的原因主要是人、机、料、法、环、测几个方面。应针对具体原因,采取相应措施,如人员素质不符合要求(责任心差、技术水平低、体能差)的,采取培训学习提高技术能力、调换合格作业人员的措施;作业设备的过程能力低,则修复、改造、更新设备或作业手段;属于作业方法的问题,采取改进、更换作业方法的措施等。但是所采取的纠正措施一般应和不合格的影响程度及相应投入相适应。

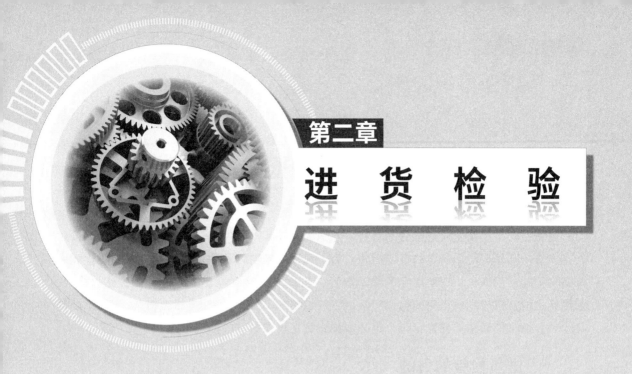

第二章
进 货 检 验

[**案例**]2011年4月1日下午，美国西南航空公司一架波音737客机起飞40min后，因"机舱失压"紧急降落。后来，据有关部门调查显示，此次事故并非恐怖主义袭击，而是由于机身自身破损引起：飞机机舱顶部有个破洞。据分析，机身破损主要是由于金属疲劳现象引起。

从上述案例可知，材料作为有用的物质，就在于它本身所具有的某种性能。所有零部件在运行过程中以及产品在使用过程中，都在某种程度上承受着力或能量、温度以及接触介质等的作用。选用材料的主要依据是它的使用性能、工艺性能和经济性，其中使用性能是首先需要满足的，特别是关键性的材料力学性能往往是材料设计和使用所追求的主要目标。材料性能测试的目的就是要了解和获知材料的成分、组织结构、性能以及它们之间的关系。而人们要有效地使用材料，首先必须要了解材料的力学性能以及影响材料力学性能的各种因素。因此，材料力学性能的测试是所有测试项目中最重要和最主要的内容之一。此外，经济性也是选择材料要考虑的因素之一。例如，金刚石很硬，具有良好的耐磨性能，但是由于其昂贵的成本就不适用于作为耐磨材料。

本章节围绕机械加工工艺过程中，对于外购的物料，尤其是原材料性能的检验进行展开，为合理使用、选用和检验相关工程材料打下基础。

第一节 进货检验概述

进货检验，是指企业购进的原材料、外购配套件和外协件入厂时的检验。这是保证生产正常进行和确保产品质量的重要措施。为了确保外购物料的质量，入厂时的验收检验应配备专门的质检人员，按照规定的检验内容、检验方法及检验数量进行严格认真的检验。从原则上说，供应厂所供应的物料应该是"件件合格、台台合格、批批合格"。如果不能使用全检，而只能使用抽样检验时，也必须预先制定科学可靠的抽检方案和验收制度。

一、进货检验的目的

确保未经检验或验证合格的原材料、外协件及供方提供的物品不投入使用或加工，防止不合格物料进入生产流程，保证过程产品符合规定要求。

二、进货检验的类型

进货检验包括首件（批）样品检验和成批进货检验两种。

1. 首件（批）样品检验

首件（批）样品检验的目的，主要是为对供应单位所提供的产品质量水平进行评价，并建立具体的衡量标准。所以首件（批）检验的样品，必须对今后的产品有代表性，以便作为以后进货的比较基准。通常在以下三种情况下应对供货单位进行首件（批）检验：

（1）首次交货；

（2）设计或产品结构有重大变化；

（3）工艺方法有重大变化，如采用了新工艺或特殊工艺方法，也可能是停产很长时间后重新恢复生产。

2. 成批进货检验

成批进货检验，可按不同情况进行 A，B，C 分类。A 类是关键的，必检；B 类是重要的，可以全检或抽检；C 类是一般的，可以实行抽检或免检。这样，既要保证质量，又可减少检验工作量。成批进货检验既可在供货单位进行，也可在购货单位进行，但为保证检验的工作质量，防止漏检和错检，一般应制定"入库检验指导书"或"入库检验细则"，其形式和内容可根据具体情况设计或规定。进货物料经检验合格后，检验人员应做好检验记录并在入库单上签字或盖章，及时通知库房收货，做好保管工作。对于原材料、辅材料的入厂检验，往往要进行理化检验，如分析化学成分、机械性能试验等工作，验收时要着重材质、规格、炉批号等是否符合规定。

三、进货检验流程

进货检验的流程可参见图 2－1。

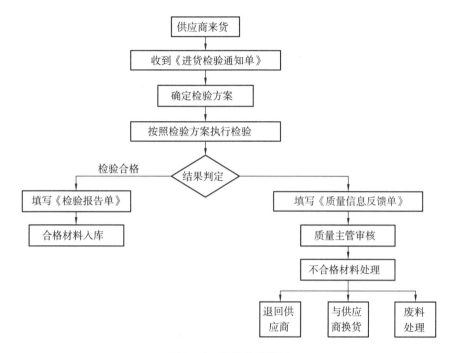

图 2－1　进货检验流程

一、机械工程材料分类

机械产品所使用的原材料，统称为机械工程材料，指的是机械、传播、化工、建筑、车辆、仪表、航空航天等工程领域中用于制造工程构建和机械零件的材料。

机械产品原材料主要包括金属材料和非金属材料两大类。金属材料是以金属元素或金属元素为主构成的具有金属特性的材料的统称，包括纯金属、合金、金属间化合物和特种金属材料等；非金属材料包括高分子材料、陶瓷材料和复合材料等。

当今科学技术突飞猛进，新材料层出不穷，使用量随着生产加工工艺技术的成熟也在不断提高。但是，在机械行业领域中，使用最多的材料仍然是金属材料。金属材料长期以来得到如此广泛的应用，主要是因为它具有优良的使用性能和加工工艺性能。金属材料是现代机械产品的基本材料，广泛应用于工业生产和生活用品制造。

(一)常用金属材料

机械制造中最常用的材料是钢和铸铁，其次是有色金属合金，如铜合金等。

铸铁和钢的区别在于含碳量，前者大于2%，而后者小于等于2%，两者由此都归类为铁碳合金。铸铁主要有灰铸铁、球墨铸铁、可锻铸铁、合金铸铁等。这类材料的特是具有良好的液态流动性，可铸造成形状复杂的零件，具有较好的减震性、耐磨性、切削性（指灰铸铁），成本低廉，应用范围广泛。钢主要有结构钢、工具钢、特殊钢（不锈钢、耐热钢、耐酸钢等）、碳素结构钢、合金结构钢、铸钢等。与铸铁相比，钢具有高的强度、韧性和塑性。可用热处理方法改善其力学性能和加工性能。钢材零件毛坯获取方法包括锻造、冲压、焊接、铸造等。

铜合金主要包括青铜和黄铜。青铜分含锡青铜、不含锡青铜；黄铜为铜锌合金，并含有少量的锰、铝、镍。铜合金具有良好的塑性和液态流动性，青铜合金还具有良好的减摩性和抗腐蚀性，应用同样广泛。

常用金属材料的相对价格如表2-1所示。

表2-1　常用金属材料的相对价格

材料	种类规格	相对价格
热轧圆刚	碳素结构钢	1
	优质碳素钢	1.5~1.8
	合金结构钢	1.7~2.5
	滚动轴承钢	3
	合金工具钢	3~20
	4Cr9Si2 耐热钢	5
铸　件	灰铸铁铸件	0.85
	碳素钢铸件	1.7
	铜合金、铝合金铸件	8~10

(二)常用非金属材料

非金属材料指具有非金属性质（导电性和导热性差）的材料。自19世纪以来，随着生产和科学技术的进步，尤其是无机化学和有机化学工业的发展，人类以天然的矿物、植物、石油等为原料，制造和合成了许多新型非金属材料，如水泥、人造石墨、特种陶瓷、合成橡胶、合成树脂（塑料）、合成纤维等。虽然非金属材料不具备金属材料那样的耐磨、可焊接等使用性能，但是其优良的理化性质，使其成为机械产品不可或缺的原材料。

常见非金属材料如下：

(1)橡胶：橡胶富于弹性，能吸收较多的冲击能量。常用作联轴器或减震器的弹性元件、带传动的胶带等。硬橡胶可用于制造用水润滑的轴承衬。

（2）塑料：塑料的比重小，易于制成形状复杂的零件，而且各种不同塑料具有不同的特点，如耐蚀性、绝热性、绝缘性、减摩性、摩擦系数大等，所以近年来在机械制造中的应用日益广泛。

其他非金属材料还有皮革、木材、纸板、棉、丝等。

二、原材料的选择

设计机械零件时，选择合适的材料是一项复杂的技术经济问题，设计者应根据零件的用途、工作条件和材料的物理、化学、机械和工艺性能以及经济因素等进行全面考虑。

选材因素主要包括用途、工作条件、物理、化学、机械工艺性能、经济性。其中，各种材料的化学成分和力学性能可在相关国标、行标和机械设计手册中查得。

三、材料的力学性能

任何机械零件或工具，在使用过程中，往往要受到各种形式外力的作用。如：起重机上的钢索，受到悬吊物拉力的作用；柴油机上的连杆，在传递动力时，不仅受到拉力的作用，而且还受到冲击力的作用；轴类零件要受到弯矩、扭力的作用等等。这就要求金属材料必须具有一种承受机械载荷而不超过许可变形或不破坏的能力。这种能力就是材料的力学性能。金属的力学性能是指金属材料抵抗各种外加载荷的能力，其中包括：弹性和刚度、强度、塑性、硬度、冲击韧度、断裂韧度及疲劳强度等。它们是衡量材料性能极其重要的指标。如果材料抵抗变形与断裂的能力与服役条件不适应，则机件失去预定效能（过量弹性变形、过量塑性变形、断裂、磨损等），因此材料的力学性能又可以称为失效抗力。

金属材料的力学性能反映了金属材料在各种形式外力作用下抵抗变形或破坏的某些能力，是选用金属材料的重要依据。充分了解、掌握金属材料的力学性能，对于合理地选择、使用材料，充分发挥材料的作用，制定合理的加工工艺，保证产品质量有着极其重要的意义。影响材料力学性能的因素分为内因和外因。内因主要包括材料的化学成分、显微组织、冶金质量和残余应力；外因包括载荷性质、应力状态、温度和环境等。同时，不同机械产品因用途不同，对材料的性能要求也不同。

（一）强度

强度是指金属材料在静载荷作用下抵抗变形和断裂的能力。强度指标一般用单位面积所承受的载荷即力表示，符号为 σ，单位为 MPa。强度是一般零件设计、选材时的重要检验依据。

工程中常用的强度指标有屈服强度和抗拉强度。对于大多数机械零件，工作时不允许产生塑性变形，所以屈服强度是零件强度设计的依据；而对于因断裂而失效的零件，用抗拉强度作为其强度设计的依据。金属试样在拉伸试验过程中，载荷不再增加而试样仍继续发生塑性变形而伸长，这一现象叫做"屈服"。材料开始发生屈服时所对应的应力，称为"屈服点"，以 σ_s 表示。有些材料没有明显的屈服点，这往往采用 $\sigma_{0.2}$ 作为屈服阶段的特征值，称为屈服强度。抗拉强度是指金属材料在拉力的作用下，被拉断前所能承受的最大应力值，即拉伸过程中最大力所对应的应力，称为抗拉强度，以 σ_b 表示。图 2-2 为应力与应变的关系。

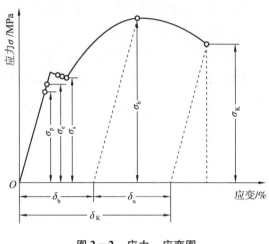

图 2-2　应力-应变图

（二）塑性

塑性是金属材料在外力作用下（断裂前）发生永久变形的能力，常以金属断裂时的最大相对塑性变形来表示，如拉伸时的断后伸长率和断面收缩率。工程中常用的塑性指标有伸长率和断面收缩率。伸长率指试样拉断后的伸长量与原来长度之比的百分率，用符号 δ 表示。断面收缩率指试样拉断后，断面缩小的面积与原来截面积之比，用 y 表示。

伸长率和断面收缩率越大，其塑性越好；反之，塑性越差。良好的塑性是金属材料进行压力加工的必要条件，也是保证机械零件工作安全，不发生突然脆断的必要条件。

（三）硬度

硬度是金属材料表面抵抗弹性变形、塑性变形或抵抗破裂的一种抗力，是衡量材料软硬的性能指标。硬度不是一个单纯的、确定的物理量，而是一个由材料弹性、塑性、韧性等一系列不同性能组成的综合性能指标。所以硬度不仅取决于材料本身，还取决于试验方法和条件。一般材料的硬度越高，其耐磨性越好。材料的强度越高，塑性变形抗力越大，硬度值也越高。当前主要的硬度测试方法有布氏硬度、洛氏硬度、维氏硬度、肖氏硬度和里氏硬度。

（四）韧性

金属在断裂前吸收变形能量的能力，称为韧性。衡量材料韧性的指标分为冲击韧性和断裂韧性。

1. 冲击韧性

冲击韧性是评定金属材料受冲击载荷作用时抵抗变形和断裂的抗力指标，以冲击韧度或冲击吸收功来度量。金属材料抵抗冲击载荷的能力称为冲击韧度，用 α_K 表示，单位为 J/cm^2。冲击韧性常用一次摆锤冲击弯曲试验测定，即把被测材料做成标准冲击试样，用摆锤一次冲断，测出冲断试样所消耗的冲击功 A_K，然后用试样缺口处单位截面积 F 上所消耗的冲击功 A_K 表示冲击韧性。

α_K 值越大，则材料的韧性就越好。α_K 值低的材料叫做脆性材料，α_K 值高的材料叫韧性材料。很多零件，如齿轮、连杆等，工作时受到很大的冲击载荷，因此要用 α_K 值高的材料制造。铸铁的 α_K 值很低，灰口铸铁 α_K 值近于零，不能用来制造承受冲击载荷的零件。

2. 断裂韧性

断裂韧性是材料阻止或抵抗裂纹扩展的能力，确切地说是阻止裂纹产生临界扩展的能力，常用 K_{1c} 或 K_c 表示。K_{1c} 是表示平面应变状态下的断裂韧度，K_c 表示平面应力状态下的断裂韧度。

（五）疲劳强度

1. 金属疲劳现象

许多机械零件在工作过程中，零件上各点的应力随时间做周期性的变化，这种应力称为交变应力，也称为循环应力。例如轴、齿轮、轴承、弹簧等零部件，就长期承受着交变应力的作用。在交变应力作用下，虽然零件所承受的应力低于材料的抗拉强度 σ_b 甚至低于材料的屈服强度 σ_s，但是经过了较长时间的工作后，零件会产生裂纹或突然发生完全断裂的现象，就称为金属的疲劳。

据有关资料显示，在机械零件失效的报告中，80%以上属于疲劳损坏，而且疲劳破坏前没有明显的变形征兆。疲劳破坏经常造成重大安全事故，所以对于轴、齿轮、轴承、弹簧等承受交变载荷的零件，要慎重选择材料，一般选择疲劳强度较好的材料来制造。

2. 疲劳断裂产生的原因

疲劳断裂一般发生在零件应力集中的部位，或者说材料本身强度较低的部位，如原材料中含有裂纹、软点、脱碳、刀痕或夹杂等。这些地方的局部应力大于屈服强度，形成裂纹的核心，进而在交变应力或重复应力的反复作用下产生疲劳裂纹，并随着应力循环周次的增加，疲劳裂纹不断扩展，使零件的有效承载面逐渐减小，最后当减小到不能承受外加载荷时，即发生断裂。

3. 疲劳强度

金属材料在无限多次交变载荷作用下而不会产生破坏的最大应力，称为疲劳强度或疲劳极限。金属材料不可能做无限次交变载荷试验，一般规定钢在经受107次、有色金属经受108次交变载荷作用而不产生断裂的最大应力称为疲劳强度。疲劳断裂时并没有明显的宏观塑性变形，即没有断裂征兆而是突然破坏，且引起疲劳断裂的应力很低，一般不高于材料屈服强度。因此，疲劳断裂是机械产品检验中重点检验环节。

四、金属材料的物理及化学性能

（一）物理性能

金属等材料在固态时所呈现的物理现象的性能被称为物理性能。材料的物理性能主要包括密度、熔点、导热性、导电性、热膨胀性和磁性等。

1. 密度

物质单位体积的质量称为该物质的密度，符号为 ρ，单位为 kg/m^3。

2. 熔点

熔点是指材料的熔化温度。陶瓷的熔点一般都显著高于金属及合金的熔点，而高分子材料一般不是完全晶体，所以没有固定的熔点。工业上常用的熔断器、断路器等零件使用低熔点合金，而工业过滤、火箭、燃气轮机等零部件则使用高熔点材料。

3. 热膨胀

金属材料在受热时体积增大、冷却时体积缩小的现象称为热膨胀。热膨胀是机械产品使用中需要考虑的因素之一。例如，轨道衔接处一般留有孔隙，以便于出现高低温交替和摩擦生热时，在长度方向有伸缩余量。

4. 导热性

金属材料传导热量的能力称为导热性。金属材料的导热率越大，其导热性越强。导热性通常与焊接、铸造、锻造和热处理等工艺相关。

5. 导电性

金属材料传导电流的能力称为导电性。金属及其合金具有良好的导电性能，银的导电性最好，铜、铝次之。由于银价格相对昂贵，因此工业上通常采用铜或铝作为导电材料。

（二）化学性能

金属材料的化学性能主要是指金属在室温或高温下抵抗外界化学介质侵蚀的能力，主要包括耐腐蚀性和抗氧化性。

1. 耐腐蚀性

在高温、潮湿等条件下，金属材料会与其周围的介质接触并发生化学反应，从而使得金属材料表面发生变化，如钢铁的生锈，铜氧化产生铜绿等，这种现象即称为锈蚀或腐蚀。金属材料抵抗锈蚀或腐蚀的能力称为耐腐蚀性。一般而言，碳钢和铸铁的耐腐蚀性比较差，而钛、钛合金、不锈钢、铝合金等材料耐腐性较好。

2. 抗氧化性

金属材料在高温下容易被周围环境中的氧气氧化而遭破坏，金属材料在高温下抵抗氧化作用的能力称为抗氧化性。

五、金属材料的工艺性能

金属材料的工艺性能是指材料在加工成零件或构件过程中材料应具备的适应加工的性能，包括铸造性能、锻造性能、切削加工性能、焊接性能及热处理工艺性能。在铸造、锻压、焊接、机加工等加工前后过程中，往往还要进行不同类型的热处理。因此，一个由金属材料制得的零件其加工过程十分复杂。工艺性能直接影响零件加工后的成本与质量，是选材和制订零件加工工艺路线时应考虑的因素之一。

（一）铸造性能

金属材料铸造成形的能力称为铸造性能，常用流动性、收缩性和偏析来衡量。

1. 流动性

流动性是熔融金属的流动能力。流动性好的金属容易充满铸型，从而获得外形完整、尺寸精确、轮廓清晰的铸件。

2. 收缩性

铸件在凝固和冷却过程中，其体积和尺寸减小的现象称为收缩性。铸件收缩不仅影响尺寸，还会使铸件产生缩孔、疏松、内应力以及变形与开裂等缺陷，故铸造用金属材料的收缩率越小越好。

3. 偏析

金属凝固后，铸锭或铸件化学成分和组织的不均匀现象称为偏析。偏析严重的铸件各部分的力学性能会有很大的差异，从而降低铸件质量。一般来说，铸铁比钢的铸造性能好。

（二）锻造性能

金属锻造成形的能力称为锻造性能。它主要取决于金属的塑性和变形抗力。塑性越好、变形抗力越小，金属的锻造性能越好。例如，纯铜在室温下就有良好的锻造性能，碳钢在加热状态下锻造性能较好，铸铁则不能锻造。

（三）切削加工性能

金属切削的难易程度称为切削加工性能。一般用切削速度、加工表面粗糙度和刀具使用寿命来衡量。影响切削加工性能的因素有工件的化学成分、组织、硬度、热导率和形变硬化程度等。一般认为材料具有适当硬度（170~230HBS）和足够的脆性时较易切削。所以灰铸铁比钢的切削加工性能好，碳钢比高合金钢切削加工性好。改变钢的化学成分和进行适当的热处理可改善钢的切削加工性。

（四）焊接性能

金属能焊接成具有一定使用性能的焊接接头的特性称为焊接性能。在机械工业中，焊接的主要对象是钢材，碳质量分数及合金元素含量是决定金属焊接性的主要因素，碳质量分数和合金元素含量越高，焊接性能越差。例如，低碳钢具有良好的焊接性，而高碳钢、铸铁的焊接性不好。

（五）热处理性能

金属经热处理可使性能顺利改善的性质称为热处理性能。它与材料的化学成分有关。常见的热处理方法有退火、正火、淬火、回火及表面热处理（表面淬火及化学热处理）等。

第三节 原材料检验

机械产品是由各类最基本的单元零件组装而成，零件一般则由原材料制成。因此，材料的微观组成及各项性能决定了产品的内在质量要求。在对原材料进行加工和制造机械产品之前，需要对原材料的各项性能进行检验。

原材料检验一般包括对材料化学成分、材料显微组织、主要结构形式尺寸、形位公差、表面粗糙度、材料力学性能等的检验。

材料力学性能指标是结构设计、材料选择、工艺评价以及材料检验的主要依据。测定材料力学性能最常用的方法是静载荷方法，即在温度、应力状态和加载速率都固定不变的状态下测定力学性能指标的一种方法。

一、拉伸试验

金属力学性能试验方法是检测和评定冶金产品质量的重要手段之一，其中拉伸试验则是应用最广泛的力学性能试验方法。拉伸性能指标是金属材料的研制、生产和验收最主要的测试项目之一，拉伸试验过程中的各项强度和塑性性能指标是反映金属材料力学性能的重要参数。影响拉伸试验结果准确度的因素很多，主要包括试样、试验设备和仪器、拉伸性能测试技术和试验结果处理几大类。为获得准确可靠的、试验室间可比较的试验数据，必须将这些因素加以限定，使其影响减至最小。各国及国际组织都制定了完善的拉伸试验方法标准，将拉伸试验方法列为力学性能试验中最基本、最重要的试验项目。

强度指标主要有：弹性极限 σ_e、屈服强度 σ_s、抗拉强度 σ_b。

塑性指标主要有：断后伸长率 δ、断面收缩率 ψ 等。

1. 拉伸试样标准

为了便于比较实验结果，按 GB 228.1—2010 中的有关规定，实验材料一般要做成比例试件，即

圆形截面试件　　　$L_0 = 10d_0$　　　（长试件）

　　　　　　　　　$L_0 = 5\,d_0$　　　（短试件）

矩形截面试件　　　$L_0 = 11.3\,\sqrt{A_0}$　　（长试件）

　　　　　　　　　$L_0 = 5.65\,\sqrt{A_0}$　　（短试件）

式中：L_0——试件的初始计算长度（即试件的原始标距）；

　　　A_0——试件的初始截面面积；

　　　d_0——试件在标距内的初始直径。

实验室里使用的金属拉伸试件通常制成标准圆形截面试件，如图 2-3 所示。

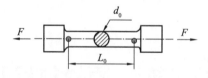

图 2-3　拉伸试件

2. 拉伸试验原理

金属拉伸实验是测定金属材料力学性能的一个最基本的实验，是了解材料力学性能最全面、最方便的实验。拉伸试验主要是测定低碳钢在轴向静载拉伸过程中的力学性能。在试验过程中，利用实验机的自动绘图装置可绘出低碳钢的拉伸图（如图 2-4 所示）。由于

试件在开始受力时，其两端的夹紧部分在试验机的夹头内有一定的滑动，故绘出的拉伸图最初一段是曲线。

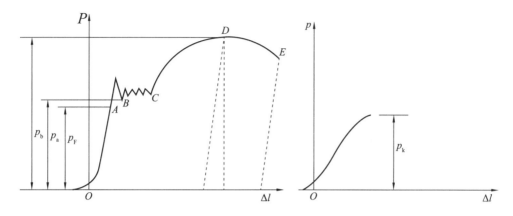

图 2-4 试件拉伸图

对于低碳钢，在确定屈服载荷 P_S 时，必须注意观察试件屈服时测力度盘上主动针的转动情况，国际规定主动针停止转动时的恒定载荷或第一次回转的最小载荷值为屈服载荷 P_S，故材料的屈服极限为：$\sigma_S = \dfrac{P_S}{A_0}$。

试件拉伸达到最大载荷之前，在标距范围内的变形是均匀的。从最大载荷开始，试件产生颈缩，截面迅速变细，载荷也随之减小。因此，测力度盘上主动针开始回转，而从动针则停留在最大载荷的刻度上，给我们指示出最大载荷 P_b，则材料的强度极限为：
$\sigma_b = \dfrac{P_b}{A_0}$。

试件断裂后，将试件的断口对齐，测量出断裂后的标距 L_k 和断口处的直径 d_k，则材料的延伸率 δ 和截面收缩率 Ψ 分别为：

$$\delta = \frac{L_1 - L_0}{L_0} \times 100\% \qquad \psi = \frac{A_0 - A_1}{A_0} \times 100\%$$

式中，L_0、A_0 分别为试验前的标距和横截面面积；L_1、A_1 分别为试验后的标距和断口处的横截面面积。参见图 2-5。

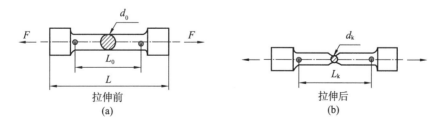

图 2-5 低碳钢拉伸试样拉伸前后的比较

当断口非常接近试件两端部，而与其端部的距离等于或小于直径的 2 倍时，需重作试验。

3. 拉伸试验特点

拉伸试验操作简单、方便，通过获得的应力-应变曲线包含了大量信息，很容易看出材料的各项力学性能，如比例极限、弹性模量、屈服极限、强度极限等等。因此，拉伸试验成为了应用最广泛的力学性能试验方法。

拉伸实验中材料在达到破坏前的变形是均匀的，能够得到单向的应力应变关系，但其缺点是难以获得大的变形量，缩小了测试范围。

拉伸实验中一般会出现两种不同的基本变形情况。其中，材料受外力作用时产生变形，当外力去除后恢复其原来形状，这种随外力消失而消失的变形，称为弹性变形；而材料在外力作用下产生永久的不可恢复的变形，称为塑性变形。见图2-6。

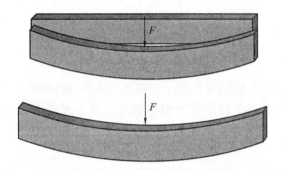

图2-6 弹性变形和塑性变形

工程材料受力后都会发生变形，包括：弹性变形、塑性变形、断裂三个基本阶段。

弹性：固体材料在外力作用下改变其形状和大小，但当力撤去后即恢复到原来状态的性质。

塑性：固体材料受到超过一定特定值的外力作用时，其形状与大小会发生永久性变化的特性。

断裂：固体材料受外力作用变形的最终结果，也就是固体材料受力变形产生裂纹和裂纹扩展到一定的临界值后即产生断裂。

4. 材料的拉伸曲线分析

由图2-7可知，拉伸过程可分为如下几个阶段：

(1) oe 段：直线，弹性变形。

(2) es 段：曲线，弹性变形+塑性变形。

(3) ss' 段：水平线(略有波动)，明显的塑性变形屈服现象，作用的力基本不变，试样连续伸长。

(4) $s'b$ 曲线：均匀塑性变形，出现加工硬化。

(5) b 点出现缩颈现象，即试样局部截面明显缩小，试样承载能力降低，拉伸力达到最大值，而后降低，但变形量增大，k 点时试样发生断裂。

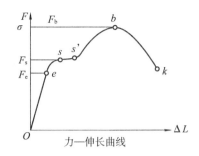

e—弹性极限点；s—屈服点；b—极限载荷点；k—断裂点

图 2-7 塑性材料材料的拉伸曲线

5. 脆性材料的拉伸性能

脆性材料(玻璃、岩石、陶瓷、淬火高碳钢及铸铁等材料)在拉伸变形时只产生弹性变形，一般不产生或产生很微量的塑性变形。典型塑性材料拉伸性能如图 2-8 所示。表征脆性材料力学特征的主要参量有两个：弹性模量 E；断裂强度 σ_k。

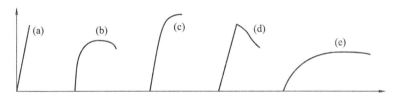

图 2-8 脆性材料拉伸性能

在工程上使用的脆性材料并非都属于完全的脆性，尤其是金属材料，绝大多数都有些塑性，在拉伸变形后，即便是脆性材料，也或多或少会产生一些塑性变形。

脆性材料的断裂强度等于甚至低于弹性极限，因此断裂前不发生塑性变形，其抗拉强度比较低，但是这种材料的抗压强度比较高，一般情况下，脆性材料的抗压强度比抗拉强度大几倍，理论上可以达到抗拉强度的 8 倍。

因此，在工程上脆性材料被大量地应用于受压载荷的构件上，如车床的床身一般由铸铁制造，建筑上用的混凝土被广泛地用于受压状态下，如果需要承受拉伸载荷，则用钢筋来加固。

二、硬度试验

金属硬度试验按受力方式可分为压入法、刻划法两种，一般采用压入法。按加力速度可分为静力试验法和动力试验法两种，其中静力试验法最为普遍。常用的布、洛、维氏硬度等均属静力压入试验法。

1. 布氏硬度试验

(1)布氏硬度试验法原理

将一定直径的硬质合金球施加试验力压入试样表面，经规定的保持时间(可查表 2-2 选择)后，卸除试验力，测量试样表面压痕的直径。见图 2-9。

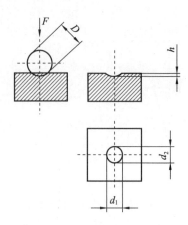

图 2-9 布氏硬度测量原理图

由压头球直径 D 和测量所得的试样压痕直径 d 可算出压痕面积，即

$$S = \frac{1}{2}\pi D(D - \sqrt{D^2 - d^2}) \tag{2-1}$$

表 2-2 球直径、试验力和试验力保持时间选择表

金属种类	布氏硬度范围 HBS(HBW)	试样厚度 mm	0.102	球的直径 mm	试验力 F/kN(kgf)	试验力保持时间/s
黑色金属	140~450	6~3	30	10.0	29.42(3000)	12
		4~2		5.0	7.355(750)	
		<2		2.5	1.839(187.5)	
	<140	>6	10	10.0	9.807(1000)	12
		6~3		5.0	2.452(250)	
非铁金属	>130	6~3	30	10.0	29.42(3000)	30
		4~2		5.0	7.355(750)	
		<2		2.5	1.839(187.5)	
	36~130	9~3	10	10.0	9.807(1000)	30
		6~3		5.0	2.452(250)	
	8~35	>6	2.5	10.0	2.452(250)	60

于是布氏硬度值可由以下式算出：

布氏硬度 = 常数 × 试验力/压痕表面积，即

$$HBW = 0.102 \times \frac{2F}{\pi D(D - \sqrt{D^2 - d^2})} \tag{2-2}$$

式中：$d = (d_1 + d_2)/2$；D，d 单位为 mm；F 单位为 N。

试验时，根据被测的材料不同，球直径、试验力及试验力保持时间按表 2-2 选择。

（2）布氏硬度的特点

布氏硬度试验的优点是其硬度代表性好，由于通常采用的是 10 mm 球压头，3 000 kg 试验力，其压痕面积较大，能反映较大范围内金属各组成相综合影响的平均值，而不受个别组成相及微小不均匀度的影响，因此特别适用于测定灰铸铁、轴承合金和具有粗大晶粒的金属材料。它的试验数据稳定，重现性好，精度高于洛氏，低于维氏。此外布氏硬度值与抗拉强度值之间存在较好的对应关系。

布氏硬度试验的缺点是压痕较大，成品检验有困难，试验过程比洛氏硬度试验复杂，要分别完成测量操作和压痕测量，因此要求操作者具有一定的经验。

（3）布氏硬度试验的应用

布氏硬度计主要用于组织不均匀的锻钢和铸铁的硬度测试，锻钢和灰铸铁的布氏硬度与拉伸试验有着较好的对应关系。布氏硬度试验还可用于有色金属、钢材和经过调质热处理的半成品工件，采用小直径球压头可以测量小尺寸和较薄材料。布氏硬度计多用于原材料和半成品的检测。由于压痕较大，一般不用于成品检测。

布氏硬度试验法一般用于试验各种硬度不高的钢材、铸铁、有色金属等，也用于试验经淬火、回火但硬度不高的钢件。由于布氏硬度试验的压痕较大，试验结果能更好地代表试件的硬度。

2. 洛氏硬度试验

（1）洛氏硬度试验法原理

采用顶角为 120° 金刚石圆锥压头或者直径为 1.588 mm 的淬火钢球压头。测试时先加预载荷 F_0，压头从起始位置 0-0 到 1-1 位置，压入试件深度为 h_1；后加总载荷 F（为主载荷加上预载荷），压头位置为 2-2，压入深度为 h_2；停留数秒后，将主载荷卸除，保留预载荷。由于被测试件弹性变形恢复，压头略为提高，位置为 3-3，实际压入试件深度为 h_3。因此在主载荷作用下，压头压入试件的深度 $h = h_3 - h_1$。如图 2-10 所示。

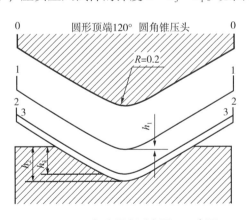

图 2-10 洛氏硬度测定原理示意图

试验时，根据被测的材料不同，压头的类型、试验力按表 2-3 选择，对应的洛氏硬度标尺为 HRA、HRB、HRC 三种。

表2-3　压头、试验力选择表

标度符号	压头类型	总负荷(N)	表盘指示刻度颜色	常用范围	应用举例
HRA	金钢石圆锥	600	黑色	70～85	碳化物、硬质合金、钢材表面硬化层
HRB	1.588mm 钢球	1000	红色	25～100	软钢、退火钢、铜合金、铝合金、可锻铸铁
HRC	金钢石圆锥	1500	黑色	20～67	淬火钢、调质钢、深层表面硬化钢

(2)洛氏硬度试验的特点

洛氏硬度试验的优点：操作较为简便；压痕小，对工件损伤小，归于无损检测一类，可对成品直接进行测量；测量范围广，较为常用的就有 A、B、C 三种标尺，可以测量各种软硬不同，厚薄不同的材料。

洛氏硬度试验的缺点是测量结果有局限性，对每一个工件测量点数一般不少于 3 个点。

(3)洛氏硬度试验的应用

洛氏硬度试验可用于成品和薄件，但不宜测量组织粗大不均匀的材料。

3. 维氏硬度试验

(1)维氏硬度试验法原理

维氏硬度试验是用一个相对面夹角为136°的正四棱锥体金刚石以规定的试验力 F 压入试样表面，经保持规定时间后，卸除试验力，测出压痕表面积，维氏硬度值是试验力 F 与压痕表面积 S 之比，即 $HV = F/S$。其试验原理如图 2-11 所示。

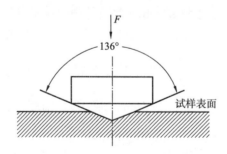

图2-11　维氏硬度试验原理示意图

$$HV = 常数 \times 试验力/压痕表面积 \approx 0.189\ 1F/d_2$$

式中：HV——维氏硬度符号；

　　　　F——试验力，N；

　　　　d——压痕两对角线 d_1、d_2 的算术平均值，mm。

实用中是根据对角线长度 d 通过查表得到维氏硬度值。

国家标准规定维氏硬度压痕对角线长度范围为 0.020～1.400 mm。

(2)维氏硬度的表示方法

维氏硬度表示为 HV，维氏硬度符号 HV 前面的数值为硬度值，后面为试验力值。标准的试验保持时间为 10 ~ 15 s。如果选用的时间超出这一范围，在力值后面还要注上保持时间。例如：

600HV30 表示采用 294.2 N(30 kgf)的试验力，保持时间 10 ~ 15 s 时得到的硬度值为 600。

600HV30/20 表示采用 294.2 N(30 kgf)的试验力，保持时间 20 s 时得到的硬度值为 600。

(3)维氏硬度试验的分类和试验力选择

维氏硬度试验按试验力大小的不同，细分为三种试验，即维氏硬度试验、小负荷维氏硬度试验和显微维氏硬度试验。见表 2 - 4。

表 2 - 4　维氏硬度试验的三种方法

试验力范围/N	硬度符号	试验名称
$F \geqslant 49.03$	≥HV5	维氏硬度试验
$1.961 \leqslant F < 49.03$	HV0.2 ~ < HV5	小负荷维氏硬度试验
$0.098\,07 \leqslant F < 1.961$	HV0.01 ~ < HV0.2	显微维氏硬度试验

维氏硬度试验可选用的试验力值很多(见表 2 - 5)。

表 2 - 5　推荐的维氏硬度试验力

维氏硬度试验		小负荷维氏硬度试验		显微维氏硬度试验	
硬度符号	试验力/N	硬度符号	试验力/N	硬度符号	试验力/N
HV5	49.03	HV0.2	1.961	HV0.01	0.098 07
HV10	98.07	HV0.3	2.942	HV0.015	0.147 1
HV20	196.1	HV0.5	4.903	HV0.02	0.196 1
HV30	294.2	HV1	9.807	HV0.025	0.245 2
HV50	490.3	HV2	19.61	HV0.05	0.490 3
HV100	980.7	HV3	29.42	HV0.1	0.980 7
注：1. 维氏硬度试验可使用大于 980.7 N 的试验力；					
2. 显微维氏硬度试验力为推荐值。					

试验力的选择要根据试样种类、试样厚度和预期的硬度范围而定。标准规定，试样或试验层的厚度至少为压痕对角线长度的 1.5 倍。试验后试样背面不应出现可见的变形痕迹。

(4)维氏硬度试验的特点

①维氏硬度试验的优点：

——维氏硬度试验的压痕是正方形，轮廓清晰，对角线测量准确，因此，维氏硬度试验是常用硬度试验方法中精度最高的，同时它的重复性也很好，这一点比布氏硬度计优越。

——维氏硬度试验测量范围宽广，可以测量目前工业上所用到的几乎全部金属材料，从很软的材料(几个维氏硬度单位)到很硬的材料(3 000 个维氏硬度单位)都可测量。

——维氏硬度试验最大的优点在于其硬度值与试验力的大小无关，只要是硬度均匀的材料，可以任意选择试验力，其硬度值不变。这就相当于在一个很宽广的硬度范围内具有一个统一的标尺。这一点又比洛氏硬度试验来得优越。

——在中、低硬度值范围内，在同一均匀材料上，维氏硬度试验和布氏硬度试验结果会得到近似的硬度值。例如，当硬度值为 400 以下时，HV≈HB。

——维氏硬度试验的试验力可以小到 N10gf，压痕非常小，特别适合测试薄小材料。

维氏硬度试验的缺点：

维氏硬度试验效率低，要求较高的试验技术，对于试样表面的光洁度要求较高，通常需要制作专门的试样，操作麻烦费时，通常只在实验室中使用。

(5)维氏硬度的应用

维氏硬度试验主要用于材料研究和科学试验方面，小负荷维氏硬度试验主要用于测试小型精密零件的硬度。表面硬化层硬度和有效硬化层深度。镀层的表面硬度、薄片材料和细线材的硬度、刀刃附近的硬度、牙科材料的硬度等，由于试验力很小，压痕也很小，试样外观和使用性能都可以不受影响。显微维氏硬度试验主要用于金属学和金相学研究，即用于测定金属组织中各组成相的硬度，和用于研究难熔化合物脆性等。显微维氏硬度试验还用于极小或极薄零件的测试，零件厚度可薄至 3 μm。

4. 肖氏硬度和里氏硬度

(1)肖氏硬度试验方法和原理

肖氏硬度试验法是一种动态力试验法。

将规定形状的金刚石冲头从固定的高度 h_0 落在试样表面上，冲头弹起一定高度 h，用 h 与 h_0 的比值计算肖氏硬度值。

计算公式如下：

$$HS = K \frac{h}{h_0}$$

式中：HS——肖氏硬度；

K——肖氏硬度系数。

(2)肖氏硬度试验方法优缺点和应用范围

适用于较高硬度和高硬度大件的表面硬度的现场检测，如各种类型的轧辊、机床床面、导轨、大型锻件。

优点是操作简便，效率高；试验后几乎不产生压痕，可在成品件上试验。

缺点是测试精度低，重复性差，不适合精度要求高的测试。

(3)里氏硬度试验方法和原理

用规定质量的冲击体在弹力作用下以一定速度冲击试样表面，用冲头在距试样表面 1mm 处的回弹速度与冲击速度的比值计算硬度值。计算公式如下：

$$HL = 1\ 000\ \frac{V_R}{v_A}$$

式中：HL——里氏硬度；

V_R——冲击体回弹速度；

v_A——冲击体冲击速度。

里氏硬度试验的原理是使一个保持恒定能量的冲击体弹射到静止的试样上，用里氏硬度计(见图2－13)测量回弹时存在于试样中残余能量，用来表征硬度的高低。

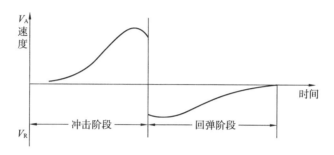

图2－12　冲击(线圈)信号波形——里氏硬度试验原理图

图2－13　里氏硬度计

(4)里氏硬度试验方法优缺点和应用范围

适用于大件或形状复杂零件的现场检测。适合于钢铁零件热处理后的现场检测。

优点是操作简便，效率高；采用电子测量，精度优于肖氏硬度。

缺点是不适合薄板和薄管材。

三、冲击韧度试验

在实际工程机械中，有许多构件常受到冲击载荷的作用，而机器设计中应力求避免冲击波负荷，但由于结构或运行的特点，冲击负荷难以完全避免。为了了解材料在冲击载荷下的性能，我们必须作冲击实验。

冲击实验的意义在于测量材料在冲击载荷作用下的冲击吸收功以及测定材料的冲击韧度值 α_K。

1. 冲击试件

工程上常用金属材料的冲击试件一般是带缺口槽的矩形试件，做成制品的目的是为了便于揭示各因素对材料在高速变形时的冲击抗力的影响。缺口形状和试件尺寸对材料的冲击韧度值 α_K 的影响极大，要保证实验结果能进行比较，试件必须严格按照相关行业标准制作。故测定 α_K 值的冲击实验实质上是一种比较性实验。其冲击试件形状如图 2-14 所示。

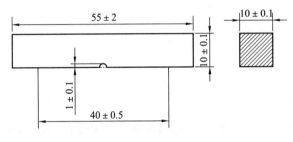

图 2-14 冲击试件

2. 冲击实验原理

材料冲击实验是一种动态力学实验，它是将具有一定形状和尺寸的 U 形或 V 形缺口的试样，在冲击载荷作用下折断，以测定其冲击吸收功 A_K 和冲击韧性值 α_K 的一种实验方法。

冲击实验通常在摆锤式冲击试验机上进行，其原理如图 2-15 所示。实验时将试样放

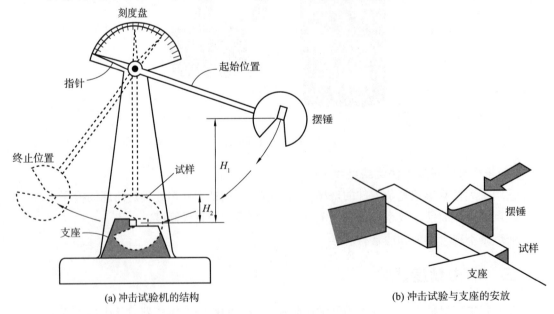

(a) 冲击试验机的结构　　　　　　　(b) 冲击试验与支座的安放

图 2-15 冲击试验的原理图

在试验机支座上，缺口位于冲击相背方向，并使缺口位于支座中间(图2-15b)。然后将具有一定重量的摆锤举至一定的高度 H_1，使其获得一定位能 mgH_1。释放摆锤冲断试样，摆锤的剩余能量为 mgH_2，则摆锤冲断试样失去的势能为 $mgH_1 - mgH_2$。如忽略空气阻力等各种能量损失，则冲断试样所消耗的能量(即试样的冲击吸收功)为：

$$A_K = mg(H_1 - H_2)$$

A_K的具体数值可直接从冲击试验机的表盘上读出，其单位力J。将冲击吸收功 A_K 除以试样缺口底部的横截面积 S_N，即可得到试样的冲击韧性值 α_K：

$$\alpha_K = A_K / S_N$$

对于U形缺口和V形缺口试样的冲击吸收功分别用 A_{KU} 和 A_{KV} 表示，它们的冲击韧性值分别用 α_{KU} 和 α_{KV} 表示。

α_K作为材料的冲击抗力指标，不仅与材料的性质有关，试样的形状、尺寸、缺口形式等都会对 α_K 值产生很大的影响。因此，α_K 只是材料抗冲击断裂的一个参考性指标，只能在规定条件下进行相对比较，而不能代换到具体零件上进行定量计算。

3. 试样温度及温度测量

对于室温冲击试验，应在室温10℃～35℃下进行。如要求严格，在控制室温20℃±2℃下进行(国际标准规定23℃±5℃)。

对于高温冲击试验，试样加热至规定的试验温度，允许温度偏差±2℃。由于试样从高温炉移出，在室温环境并与支座接触，温度会降低，按本方法结合打击时间，需附加过热度(也应考虑过热对材料性能的影响)。

对于低温冲击试验，试样冷却至规定温度，允许温度偏±2℃。由于试样从低温移出至室温环境并与支座接触，温度会升高，按本方法结合打击时间，需附加过冷度。

试样加热或冷却所选用的热源，冷源和介质应安全，无毒，不腐蚀试样。

4. 影响冲击韧性或冲击吸收功大小的因素

长期生产实践证明，A_K、a_K值对材料的组织缺陷十分敏感，能灵敏地反映材料品质、宏观缺陷和显微组织方面的微小变化，因而冲击试验是生产上用来检验冶炼和热加工质量的有效办法之一。由于温度对一些材料的韧脆程度影响较大，为了确定出材料由塑性状态向脆性状态转化的趋势，可分别在一系列不同温度下进行冲击试验，测定出 A_K 值随试验温度的变化。实验表明，A_K随温度的降低而减小；在某一温度范围，材料的 A_K 值急剧下降，表明材料由韧性状态向脆性状态转变，此时的温度称为韧脆转变温度。根据不同的钢材及使用条件，其韧脆转变温度的确定有冲击吸收功、脆性断面率、侧膨胀值等不同的评定方法。

5. 冲击试验断口评定方法

对于金属夏比冲击断口形貌的测定，目前的国家标准GB/T 12778—2008《金属夏比冲击断口测定方法》规定了三种方法：(a)对比法，(b)测量法，(c)放大测量法。

结合标准规定的方法，通常采用的韧性断面率(纤维断面率)评定方法有四种：

(1)对比法：采用将断口与如国际标准或美国ASTM E23标准给定的标准实物断口形貌图比较确定。

（2）测量法：测量断口晶状断裂部分面积的长度和宽度（作近似矩形面积）或上、下底高（作近似梯形面积），计算其面积。

（3）放大测量法：

A. 把试样断口拍片放大，利用求积仪测量。

B. 利用低倍显微镜等光学仪器（图像分析技术）测量。

（4）用带标尺的方孔卡片法、网格卡片法。

夏比冲击断口形貌的评定，其准确度并不很高。按照英国标准 BS131 - 5：1965《结晶度的测定》提示，前述的"对比法"法，对于有经验的操作人员能达到约10%的准确度，而其他几种方法准确性相对高些，但对比法简单方便。图 2 - 16 所示管线钢 L555MB 的冲击试样在 -20℃的条件下打断的试样断口。

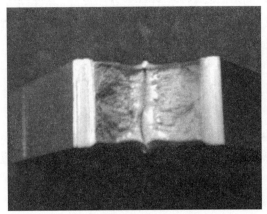

图 2 - 16　冲击试样断口

在做冲击试验的过程中，试验设备、试样及试验过程都会影响试样数据的稳定性。若做一组冲击试验时发现试验数据分散比较严重，就应该考虑是哪些方面出现了问题从而影响了数据的稳定性。

四、疲劳试验

疲劳试验的基本目的是确定材料的疲劳极限（或说持久极限），通常采用的是旋转弯曲疲劳实验。疲劳极限按其定义是材料在交变应力作用下，能经受无限次循环而不破坏的最大应力的极限值。实际上，试验不可能使试件进行无限次循环，因此规定一个循环数作为"试验基数"。对于黑色金属 $N = (5 \sim 10) \times 10^{6}$，对于有色金属 $N = (50 \sim 100) \times 10^{6}$，所以实际的疲劳极限指的是能经受 N 次循环而不发生疲劳破坏的最大应力值。

疲劳失效与静载荷下的失效不同，断裂前没有明显的塑性变化，发生断裂也较突然。这种断裂具有很大的危险性，常常造成严重的事故。据统计，大部分机械零件的失效是由金属疲劳造成的。因此，工程上十分重视对疲劳规律的研究。无裂纹材料的疲劳性能判据主要是疲劳极限和疲劳缺口敏感度等。

1. 试验原理

取一组同样的试件(8~12根)，外形如图2－17所示。每根试件选择不同的应力进行实验。第一根试件的最大应力一般为 $0.6 \sim 0.7\sigma_b$（σ_b 为静荷强度极限），记下试件发生破坏的循环数 N，以后各根试件的应力依次减少 $20 \sim 40$ N/mm²，直到最后一根试件在规定的循环次数尚不破坏时为止。最后的两根试件（破坏的和未破坏的）的应力差，应不大于 10 N/mm²。所得实验结果可绘成以 σ 和 N 为坐标的疲劳曲线，该曲线渐近线纵坐标即定为材料的疲劳极限。σ_r（这里 $r = -1$）如图2－18所示。

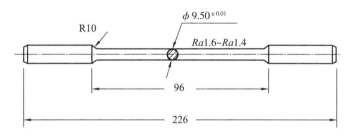

图2－17 疲劳试件

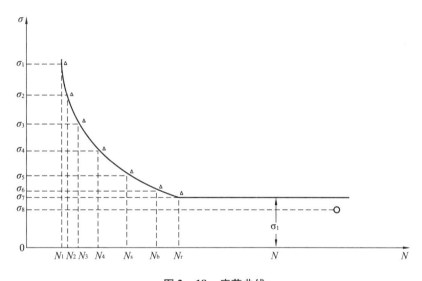

图2－18 疲劳曲线

2. 影响金属材料疲劳强度大小的因素

由于疲劳断裂通常是从机件最薄弱的部位或外部缺陷所造成的应力集中处发生，因此疲劳断裂对许多因素很敏感。例如，循环应力特性、环境介质、温度、机件表面状态、内部组织缺陷等。这些因素导致疲劳裂纹的产生或加速裂纹扩展而降低疲劳寿命。

为了提高机件的疲劳抗力，防止疲劳断裂事故的发生，在进行机械零件设计和加工时，应选择合理的结构形状，防止表面损伤，避免应力集中。由于金属表面是疲劳裂纹易于产生的地方，而实际零件大部分都承受交变弯曲或交变扭转载荷，表面处应力最大。因此，表面强化处理就成为提高疲劳极限的有效途径。

由于工程实际的要求，对疲劳的研究工作已逐渐从正常条件下的疲劳问题扩展到特殊条件下的疲劳问题，如腐蚀疲劳、接触疲劳、高温疲劳、热疲劳、微动磨损疲劳等。对这些疲劳及其测试技术还在广泛进行研究，并已逐步标准化。

第四节　原材料检验结果处理

一、测量不确定度评定与表示简介

原材料检测实质上就是对原材料的力学性能、物理性能和化学性能等进行测量，并将测量参数与标准参数进行比对。测量是科学技术、工农业生产、国内外贸易以至日常生活等各个领域中不可缺少的一项工作。

当报告测量结果时，必须对其质量给出定量的说明，以确定测量结果的可信程度。测量不确定度就是对测量结果质量的定量表征，测量结果的可用性很大程度上取决于其不确定度的大小。所以，测量结果必须附有不确定度说明才是完整并有意义的。

（一）测量不确定度评定与表示标准的发展过程

（1）1963 年，美国国家标准局（NBS）的艾森哈特首先提出了定量表示不确定度的建议。

（2）1977 年 5 月，国际计量委员会（CIPM）下设的国际电离辐射咨询委员会（CCEMRI）正式讨论了如何表达不确定度的建议。

（3）1977 年 7 月，在 CCEMRI 会议上，美国 NBS 局长安布勒先生正式提出了解决测量不确定度表示的国际统一性问题。

（4）1978 年，国际计量委员会（CIPM）要求国际计量局（BIPM）协同各国解决这个问题。BIPM 就此制定了一份详细的调查表，并分发到 32 个国家计量院及 5 个国际组织征求意见。

（5）1980 年，国际计量局（BIPM）成立了不确定度表示工作组，并起草了一份建议书，即：INC—1（1980）。该建议书主要是向各国推荐不确定度的表示原则，从而使测量不确定度的表示方法逐渐趋于统一。

（6）1981 年，国际计量委员会（CIPM）发布了 CI—1981 建议书，即《实验不确定度的表示》，重申了不确定度表示的统一方法。

（7）1986 年，国际计量委员会（CIPM）再次发布建议书即 CI—1986，要求参加由 CIPM 及其咨询委员会主办的国际比对或其他工作的成员国在给出测量结果时给出用标准偏差表示的 A 类和 B 类不确定度的合成不确定度。

（8）1993 年，由 ISO 第四技术顾问组（TAG4）的第三工作组（WG3）负责起草《测量不确定度表示指南》（缩写为 GUM），并以 7 个国际组织的名义正式由 ISO 出版。

(9)1995年，ISO对GUM作了修订和重印，GUM是在INC—1(1980)、CI—1981和CI—1986的基础上编制而成的应用指南，在术语定义、概念、评定方法和报告的表达方式上都作出了更明确的统一规定。

我国于1991年制订了JJG 1027—1991《测量误差及数据处理(试行)》。1999年制订了JJF 1059—1999《测量不确定度评定与表示》，2012年修订为JJF 1059.1—2012。2002年，中国实验室国家认可委员会制订了CNAL/AG07：2002《化学分析中不确定度的评估指南》。该指南是等同采用欧洲分析化学中心(EURACHEM)和分析化学国际可追溯性合作组织(CITAC)联合发布的指南文件《测量中不确定度的量化》第二版。

(二)测量不确定度评定基本方法

1. 测量不确定度的定义

JJF 1001给出了测量不确定度的定义及注释如下：

"根据所用到的信息，表征赋予被测量值分散性的非负参数。

注：

1. 测量不确定度包括由系统影线引起的分量，如与修正量和测量标准所赋量值有关的分量及定义的不确定度。有时对估计的系统影响未作修正，而是当作不确定度分量处理。

2. 此参数可以是诸如称为标准测量不确定度的标准偏差(或其特定倍数)，或是说明了包含概率的区间半宽度。

3. 测量不确定度一般由若干分量组成。其中一些分量可根据一系列测量值的统计分布，按测量不确定度的A类评定进行评定，并可用标准偏差表征。而另一些分量则可根据基于经验或其他信息获得的概率密度函数，按测量不确定度的B类评定进行评定，也用标准偏差表征。

4. 通常，对于一组给定的信息，测量不确定度是相应于所赋予被测量的值的。该值的改变将导致相应的不确定度的改变。

5. 本定义是按2008版VIM给出，而在GUM中的定义是：表征合理地赋予被测量之值的分散性，与测量结果相联系的参数。"

2. 测量不确定度来源

(1)对被测量的定义不完善；

(2)复现测量的测量方法不理想；

(3)抽样的代表性不够，即被测量的样本不能代表所定义的被测量；

(4)对测量过程受环境影响的认识不周全，或对环境条件的测量与控制不完善；

(5)对模拟仪器的读数存在人为偏差；

(6)测量仪器的分辨力或鉴别力不够；

(7)赋予计量标准或标准物质的值不准；

(8)引用于数据计算的常量或其他参量不准；

(9)测量方法和测量程序的近似性和假定性；

(10)在表面上看来完全相同的条件下，被测量重复观测的变化。

以上 10 项来源大致归纳为：

测量方法(1，8，9)、测量仪器(6，7)、测量条件(2，4)、测量人员(5)、被测对象(3，10)。

3. 测量不确定度的分类

测量不确定度的分类可以简示为表 2－6。

表 2－6　测量不确定度分类

测量不确定度	标准不确定度	A 类标准不确定度
		B 类标准不确定度
		合成标准不确定度
	扩展不确定度	$U(k=2，3)$
		$U_p(p$ 为包含概率$)$

4. 不确定度的 A 类评定

用对观测列进行统计分析的方法来评定标准不确定度，称为不确定度的 A 类评定，也称 A 类不确定度评定。用标准偏差表征。

5. 不确定度的 B 类评定

用不同于对观测列进行统计分析的方法来评定标准不确定度，称为不确定度的 B 类评定，也称 B 类不确定度评定。

6. B 类不确定度分量的量化

证书中给出被测量 x 的扩展不确定度 $U(x)$ 和包含因子 k，根据 $U=ku$ 可以直接得到被测量的标准不确定度。

例如：校准证书给出了标称值为 1 kg 砝码质量：$m=1.000\ 000\ 032$ g，并说明按包含因子 $k=3$ 给出的扩展不确定度 $U=0.24$ mg，则 $u(m)=\dfrac{U}{k}=\dfrac{0.24\ \text{mg}}{3}=80$ μg。

例如：校准证书给出标称长度为 100 mm 量块的扩展不确定度为 $U_{99}=100$ nm，包含因子 $k=2.8$，则 $u(l)=\dfrac{U_{99}}{k}=\dfrac{100\ \text{nm}}{2.8}=3.6$ nm。

此时，包含因子 k 与被测量 x 的分布有关，一般按证书给出的分布计算。若证书未给出分布时，可估计为正态分布。当缺乏足够信息时，只能取均匀分布。但在比较重要的场合，且又是合成不确定度中的主要分量，建议随其分布采用保守性的选择。

正态分布：$k=2，3$

均匀分布：$k=\sqrt{3}$

三角分布：$k=\sqrt{6}$

反正弦分布：$k=\sqrt{2}$

相应于包含概率：$p\approx1$

例如：在测量某一长度 L 时，估计其长度以 90% 的概率落在 10.06 nm ~ 10.16 nm，并给出最后结果为 $L = (10.11 \pm 0.05)$ nm。证书中未给出被测量分布，可假设其为正态分布，查表得到：$k = 1.645$。

7. 合成标准不确定度

得到各标准不确定度分量后，需要将各分量合成以得到被测量的合成标准不确定度 y，$u_i(y)$ 这是评定工作的第四步。在合成前必须确保所有的不确定度分量均用标准不确定度表示。

根据方差合成定理，在各输入量相互独立或各输入量之间的相关性可以忽略的情况下，被测量 Y 的合成方差可以表示为：

$$u_c^2(y) = \sum_{i=1}^{n} \sum_{j=1}^{n} \frac{\partial f}{\partial x_i} \cdot \frac{\partial f}{\partial x_j} \cdot u(x_i, x_j) = \sum_{i=1}^{n} \left[\frac{\partial f}{\partial x_i} \right]^2 u^2(x_i)$$

若采用灵敏系数的符号，则成为：

$$u_c^2(y) = \sum_{i=1}^{n} c_i^2 \cdot u^2(x_i) = \sum_{i=1}^{n} u_i^2(y)$$

上式通常称为不确定度传播律。

相对标准不确定度

$$u_{crel}(y) = \frac{u_c(y)}{y}$$

$$u_{crel}(x_i) = \frac{u_c(x_i)}{x_i}$$

上式就成为

$$u_{crel}^2(y) = \sum_{i=1}^{n} p_i^2 u_{rel}^2(x_i) = \sum_{i=1}^{n} u_{i\ rel}^2(y)$$

8. 扩展不确定度

扩展不确定度 U 等于合成标准不确定度 u_c 与包含因子 k 的乘积。因此必须先确定被测量 y 可能值分布的包含因子 k，而其前提是要确定 y 可能值的分布。

9. 测量不确定度的报告形式

通常在报告测量结果时，使用合成标准不确定度 $u_c(y)$，同时给出有效自由度 v_{eff}；合成标准不确定度可采用以下形式（以砝码质量的测量结果为例）：

$$m = 100.021 \text{ g}$$

$$u_c(m) = 0.35 \text{ mg}$$

二、原材料检测报告举例

对不同类型的机械产品，其检验方法和项目不同。一般而言，原材料检测根据产品性能需求，会进行力学性能检验、化学性能检验和物理性能检验等。根据检测项目的异同，以及检测单位的要求等，报告的形式也有所区别。总体而言，原材料检测报告主要包括报告编号、项目名称、检验标准、检验值、仪器、检验结果、检验人员签名、审核人签名等。而对其检测结果还应给出专门的测量不确定度评定报告。

【例2－1】

硬度测试报告

报告编号：RPEC/BG－YD－FSQT－G202－H1－13－01

工程名称	××××工程			检测项目		硬度检测	
工程位置	××××井站	测试部位	管道焊缝		检测标准	GB/T4340.1	
仪器名称型号	HS230 里氏硬度仪	仪器编号	R00513112902		表面状况		打磨
序号	焊 口 编 号	材质	测试平均值	序号	焊 口 编 号	材质	测试平均值
1	GU202－PW－02003－2W－5855	L245	125	21	GU202－PG－02012－16F－H200	L245	130
2	GU202－PW－02003－4W－5855	L245	124	22	GU202－PG－02003－1S－H200	L245	124
3	GU202－PW－02003－11F－5855	L245	133	23	GU202－PW－06002－2W－H200	L245	136
4	GU202－PW－02003－12F－5855	L245	127	24	GU202－PW－06002－6F－H200	L245	141
5	GU202－PW－02003－24W－5855	L245	129	25	GU202－PG－02001－22F－H200	16Mn	188
6	GU202－OG－02011－3W－H200	16Mn	186	26	GU202－PG－02001－23Z－H200	16Mn	182
7	GU202－OG－02011－4W－H200	16Mn	183	27	GU202－OG－01002－4S－H518	16Mn	191
8	GU202－OG－02011－4Z－H200	16Mn	176	28	GU202－OG－01002－10S－H518	16Mn	178
9	GU202－OG－02004－1W－H200	16Mn	179	29	GU202－OG－01002－12S－H518	16Mn	176
10	GU202－OG－02004－2W－H200	16Mn	190	30	GU202－PW－07004－10W－H200	L245	129
11	GU202－OG－02004－4Z－H200	16Mn	187	31	GU202－PW－07011－1D－H200	L245	131
12	GU202－PG－02003－19W－H200	L245	132	32	GU202－PL－03003－23D－H200	L245	127
13	GU202－PG－02003－15F－H200	L245	140	33	GU202－PL－03003－24W－H200	L245	139
14	GU202－PG－02003－2S－H200	L245	135	34	GU202－PL－03003－25W－H200	L245	132
15	GU202－PG－02003－16W－H200	L245	130	35	GU202－PL－03003－20W－H200	L245	136
16	GU202－PG－02003－18W－H200	L245	128	36	GU202－PL－03003－27F－H200	L245	129
17	GU202－PG－02003－2D－H200	L245	131	37	GU202－OG－05001－1F－5855	16Mn	187
18	GU202－PG－02012－4W－H200	L245	129	38	GU202－OG－05001－18W－5855	16Mn	176
19	GU202－PG－02012－6W－H200	L245	131	39	GU202－OG－05002－6W－5855	16Mn	182
20	GU202－PG－02012－7F－H200	L245	132	40	GU202－OG－05002－8S－5855	16Mn	180

结果：依据×××管路系统要求，进行×××井站焊缝硬度检测，按10%抽查进行测试，每个焊口测试相邻3点，取平均值。所测硬度值均<248HV10，符合要求。

检测单位：××××有限责任公司

测试人		日期		审核		日期	

【例 2 - 2】

金属材料布氏硬度试验测量不确定度评定报告

1. 概述

1.1　测量方法

依据 GB/T 231.1—2009《金属材料 布氏硬度试验　第 1 部分：试验方法》。

1.2　测量设备

布氏硬度计，编号：030。

1.3　被测对象

被测对象见表 1。

表 1　被测对象及参数

标准硬度块	编号	硬度值	均匀度
HBW	2357	221HBW10/3000	0.9%

1.4　环境条件

温度 20℃，相对湿度 <40%，环境清洁，无震源；安装稳固。

1.5　测量过程简述

选用压头直径 $D = 10$ mm 的硬质合金球，试验力为 29 420 N，试验力保持时间为 12 s。采用自动加载方式，对标准布氏硬度块测定布氏硬度值（HBW 10/3000）。在试样表面选择均匀分布的 5 点进行硬度试验，测得平均压痕直径，根据硬度试验计算公式（1），可以得到布氏硬度测量值。

$$HBW = 0.102 \times \frac{2F}{\pi D(D - \sqrt{D^2 - d^2})} \tag{1}$$

式中：F——试验力，N；

　　　D——压头直径，mm；

　　　d——压痕直径，mm。

2. 分析不确定度来源

本报告的不确定度考虑了硬度计与标准硬度块相关测量的不确定度。这些不确定度反映了所有分量不确定度的组合影响。因所使用的布氏硬度计在每年的检定中是合格的，故考虑的不确定度来源参照表 2。

表 2　不确定度来源

	不确定度来源	符　号
1	测量结果重复性引入的标准不确定度	u_1
2	标准硬度块均匀度引入的标准不确定度	u_2
3	压痕测量装置分辨力引入的标准不确定度	u_3
4	硬度计系统误差引入的标准不确定度	u_4

3. 不确定度分量的评定

3.1 测量重复性引入的标准不确定度 u_1

检测人员对标准硬度块进行布氏硬度检测（HBW 10/3000），试验力 29 420 N，试验力保持时间为 12 s。按照 GB/T 231.1—2009 在硬度块上进行试验，得出单次测量值 5 个，见表 3。

表 3   标准布氏硬度块单次测量值

标准硬度块	单 次 测 量 值				
HBW	221	221	219	222	221

测量结果的平均值：$\bar{x} = 220.8$

测量结果的标准偏差：$s_x = \sqrt{\dfrac{\sum\limits_{i=1}^{n}(x_i - \bar{x})^2}{n-1}} = 1.44$

则测量重复性引入的标准不确定度 u_1

$$u_1 = s_x / \sqrt{n} = 1.44 / \sqrt{5} = 0.644$$

3.2 标准硬度块均匀度引入的标准不确定度 u_2

标准硬度块均匀度为 0.9%，硬度值为 221，则硬度块的硬度偏差为 $221 \times 0.9\%$。依据 B 类判定，$u = A / \sqrt{3}$

则硬度块不均匀度引入的不确定度 $u_2 = \dfrac{221 \times 0.9\%}{\sqrt{3}} = 1.148$

3.3 压痕测量装置分辨力引入的标准不确定度 u_3

压痕直径测量装置为直读显微镜，经相关政府计量部门检定，不确定度为

$$U = 0.25(k = 2)$$

$$u_3 = 0.125$$

3.4 硬度计系统误差引入的标准不确定度 u_4

由鉴定证书知，$U = 1.4\%$，$k = 2$，则 $u_4 = 0.007$

4. 合成标准不确定度的计算

$$u_c = \sqrt{u_1^2 + u_2^2 + u_3^2 + u_4^2}$$
$$= \sqrt{0.644^2 + 1.148^2 + 0.125^2 + 0.007^2}$$
$$= 1.322(\text{HBW})$$

5. 扩展不确定度的计算

取包含概率 $p = 95\%$，按 $k = 2$ 计算，则

$$U = k \cdot u_c$$
$$= 2 \times 1.322$$
$$= 2.6444 = 2.6(\text{HBW})$$

6. 测量不确定度报告(见表4)

表4 测量不确定度报告

标准硬度块/HBW		测量结果 $\bar{x} \pm U$ ($k=2$)
编号	2357	(220.8 ± 2.6) HBW

复习思考题

1. 什么是弹性变形？什么是塑性变形？

2. 什么是抗拉强度？

3. 如何提高疲劳强度？

4. 谈谈工程材料对机械产品的意义。

5. 产品质量检验的依据有哪些？

6. 原材料检验主要包括哪些项目？

7. 测量不确定度和测量误差有哪些异同？

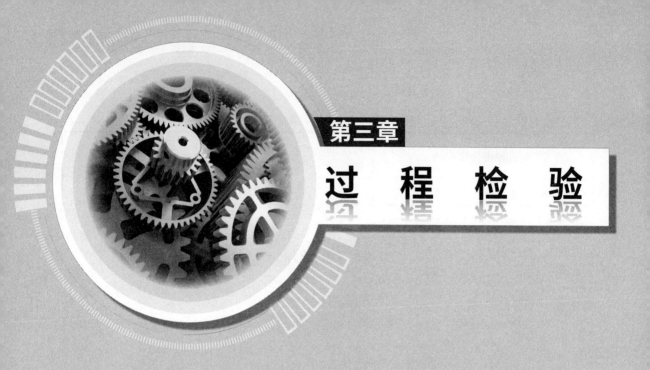

第三章

过 程 检 验

第一节 过程检验概述

过程检验，是指在生产过程中，对所生产产品(软件、硬件、服务、流程性材料等)以各种质量控制手段，根据产品工艺要求对其规定的参数进行的检测检验。

一、过程检验的目的

过程检验的目的是为了防止出现大批不合格品，避免不合格品流入下道工序去继续进行加工。因此，过程检验不仅要检验产品，还要检验影响产品质量的主要工序要素(如4M1E)。实际上，在正常生产成熟产品的过程中，任何质量问题都可以归结为4M1E中的一个或多个要素出现变异导致。因此，过程检验可起到两种作用：一是根据检测结果对产品做出判定，即产品质量是否符合规格和标准的要求；二是根据检测结果对工序做出判定，即过程各个要素是否处于正常的稳定状态，从而决定工序是否应该继续进行生产。为了达到这一目的，过程检验中常常与使用控制图相结合。

二、过程检验的类型

1. 首件检验

首件检验也称为"首检制"，长期实践经验证明，首检制是一项尽早发现问题、防止产品成批报废的有效措施。通过首件检验，可以发现诸如工夹具严重磨损或安装定位错误、测量仪器精度变差、看错图纸、投料或配方错误等系统性原因存在，从而采取纠正或改进措施，以防止批次性不合格品发生。通常在下列情况下应该进行首件检验：

(1)一批产品开始投产时；

(2)设备重新调整或工艺有重大变化时；

(3)轮班或操作工人变化时；

(4)毛坯种类或材料发生变化时。

首件检验一般采用"三检制"的办法，即操作工人实行自检，班组长或质量员进行复检，检验员进行专检。首件检验后是否合格，最后应得到专职检验人员的认可，检验员对检验合格的首件产品，应打上规定的标记，并保持到本班或一批产品加工完了为止。

对大批大量生产的产品而言，"首件"并不限于一件，而是要检验一定数量的样品。特别是以工装为主导影响因素(如冲压)的工序，首件检验更为重要，模具的定位精度必须反复校正。为了使工装定位准确，一般采用定位精度公差预控法，即反复调整工装，使定位尺寸控制在1/2公差范围的预控线内。这种预控符合正态分布的原理，美国开展无缺陷运动也是采用了这种方法。新品生产和转拉时的首件检查，能够避免物料、工艺等方面的许多质量问题，做到预防与控制结合。

2. 巡回检验

巡回检验就是检验工人按一定的时间间隔和路线，依次到工作地或生产现场，用抽查的形式，检查刚加工出来的产品是否符合图纸、工艺或检验指导书中所规定的要求。在大批大量生产时，巡回检验一般与使用工序控制图相结合，是对生产过程发生异常状态实行报警，防止成批出现废品的重要措施。当巡回检验发现工序有问题时，应进行两项工作：一是寻找工序不正常的原因，并采取有效的纠正措施，以恢复其正常状态；二是对上次巡检后到本次巡检前所生产的产品，全部进行重检和筛选，以防不合格品流入下道工序(或用户)。

巡回检验是按生产过程的时间顺序进行的，因此有利于判断工序生产状态随时间过程而发生的变化，这对保证整批加工产品的质量是极为有利的。为此，工序加工出来的产品应按加工的时间顺序存放。这一点很重要，但常被忽视。

3. 末件检验

靠模具或装置来保证质量的轮番生产的加工工序，建立"末件检验制度"是很重要的。即一批产品加工完毕后，全面检查最后一个加工产品，如果发现有缺陷，可在下批投产前把模具或装置修理好，以免下批投产后被发现，从而因需修理模具而影响生产。

过程检验是保证产品质量的重要环节，但如前所述，过程检验的作用不是单纯的把关，而是要同工序控制密切地结合起来，判定生产过程是否正常。通常要把首检、巡检同控制图的使用有效地配合起来。过程检验不是单纯的把关，而是要同质量改进密切联系，把检验结果变成改进质量的信息，从而采取质量改进的行动。

最后还要指出，过程检验中要充分注意两个问题：一个是要熟悉《工序质量表》中所列出的影响加工质量的主导性因素；另外是要熟悉工序质量管理对过程检验的要求。工序质量表是工序管理的核心，也是编制《检验指导书》的重要依据之一。工序质量表一般并不直接发到生产现场去指导生产，但应根据《工序质量表》来制定指导生产现场的各种管理图表，其中包括检验计划。

对于确定为工序管理点的工序，应作为过程检验的重点。检验人员除了应检查监督操作工人严格执行工艺操作规程及工序管理点的规定外，还应通过巡回检查，确定质量管理点的质量特性的变化及其影响的主导性因素，核对操作工人的检查和记录以及打点是否正确，协助操作工人进行分析和采取改正的措施。

三、过程检验的一般程序

过程检验的一般程序如图3-1所示。

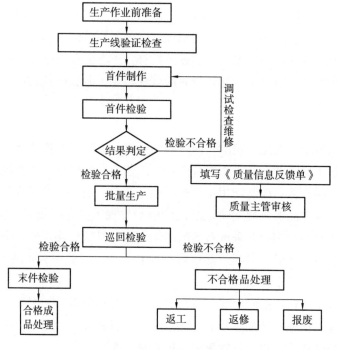

图3-1 过程检验的一般程序

第二节 毛坯件的检验

毛坯的种类很多，每一种毛坯又有许多不同的制造方法。机械制造中，常用的毛坯类型有型材、铸件毛坯、锻件毛坯、焊接件毛坯、冲压件毛坯等金属毛坯，以及注塑件、压铸件等塑料毛坯和刀具常用的粉末冶金毛坯件等。在加工前，各类毛坯均需要进行形状、尺寸、外表质量和内部性能的检验验收，以便满足加工中对毛坯的质量要求。

在机械加工中，以冲压(轧制)件(各类型材)、铸件、锻件以及焊接件四类毛坯最为常用，下面就这几种毛坯的检验项目、内容和方法进行讨论。

一、轧制件(型材)的检验

(一)相关知识

1. 什么是轧制

轧制是将金属坯料通过一对旋转轧辊的间隙(各种形状)，因受轧辊的压缩使材料截面减小而长度增加的压力加工方法。这是生产钢材最常用的生产方式，主要用来生产型材、板材、管材。

2. 轧制的分类

(1)按轧件运动不同轧制可分为纵轧、横轧、斜轧。

纵轧：就是金属在两个旋转方向相反的轧辊之间通过，并在其间产生塑性变形的过程。

横轧：轧件变形后运动方向与轧辊轴线方向一致。

斜轧：轧件做螺旋运动，轧件与轧辊轴线非特角。

(2)按轧制温度不同轧制可分为热轧与冷轧。

3. 轧制件常见缺陷

(1)热轧时的缺陷

经过热轧之后，钢材内部的非金属夹杂物(主要是硫化物和氧化物，还有硅酸盐)被压成薄片，出现分层(夹层)现象。分层使钢材沿厚度方向受拉的性能大大恶化，并且有可能在焊缝收缩时出现层间撕裂。热轧后的薄板焊缝收缩诱发的局部应变时常达到屈服点应变的数倍，比荷载引起的应变大得多。

不均匀冷却造成的残余应力。残余应力是在没有外力作用下内部自相平衡的应力。各种截面的热轧型钢都有这类残余应力，一般型钢截面尺寸越大，残余应力也越大。残余应力虽然是自相平衡的，但对钢构件在外力作用下的性能还是有一定影响。如对变形、稳定性、抗疲劳等方面都可能产生不利的作用。

热轧的钢材产品，对于厚度和边宽这方面不好控制。由于热胀冷缩，开始时热轧出来即使是长度、厚度都达标，最后冷却后还是会出现一定的负差，这种负差边宽越宽，厚度越厚表现得越明显。所以对于大号的钢材，对于钢材的边宽、厚度、长度、角度以及边线都没法要求太精确。

(2)冷轧时的缺陷

虽然成型过程中没有经过热态塑性压缩，但截面内仍然存在残余应力，对钢材整体和局部屈曲的特性必然产生影响。冷轧型钢样式一般为开口截面，截面的自由扭转刚度较低，在受弯时容易出现扭转，受压时容易出现弯扭屈曲，抗扭性能较差。冷轧成型钢壁厚较小，在板件衔接的转角处又没有加厚，承受局部性的集中荷载的能力弱。

因此，机械加工中在制造结构形状较简单、生产批量为单件小批生产且不太重要的零件时，其毛坯一般选择型材，主要包括各种热轧、方钢、六角钢、八角钢、工字钢、角钢、管材等类型。

（二）金属材料轧制件的检验项目

金属材料轧制件的检验项目包括：金属物理性能检测、金属力学性能检测、金属工艺性能检测、金属金相组织检测、金属无损伤检测、金属化学性能检测、钢铁与铁合金化学分析。

（三）轧制件外观检验

1. 轧制件的外观缺陷

轧制件毛坯外观缺陷检查的主要内容有：不圆度、形状不正确、弯曲度、裂纹、锈蚀、非金属夹杂物、金属夹杂物、脱碳等。

2. 外观缺陷检测方法（见表 3-1）

表 3-1　型材具体缺陷的特征与检测方法

序号	缺陷名称	现象	检测方法
1	不圆度	圆形截面的轧材，如圆钢和圆形钢管的横截面上各个方向上的直径不等	用游标卡尺检验同一截面的不同方向，并沿轴向选择所需检验的截面进行检验
2	形状不正确	轧材横截面几何形状歪斜、凹凸不平，如六角钢的六边不等、角钢顶角大、型钢扭转等	用游标卡尺、万能角度尺、样板、直尺棱边等进行检验
3	裂纹	一般呈直线状，有时呈 Y 形，多与拔制方向一致，但也有其他方向，一般开口处为锐角	小裂纹可用磁粉探测；较大裂纹可凭肉眼观察
4	弯曲度	轧制件在长度或宽度方向不平直，呈曲线状	用较长的直尺棱边检验
5	锈蚀	表面生成铁锈，其颜色由杏黄色到黑红色，除锈后，严重的有锈蚀麻点	凭肉眼观察
6	非金属夹杂物	在横向酸性试片上可见到一些无金属光泽，呈灰白色、米黄色和暗灰色等色彩，系钢中残留的氧化物、硫化物、硅酸盐等	凭肉眼观察或进行化学试验
7	金属夹杂物	在横向低倍试片上见到一些有金属光泽与基体金属显然不同的金属盐	
8	脱碳	钢的表层碳分较内层含碳量降低的现象称为脱碳。全脱碳层是指钢的表面因脱碳而呈现全部为铁索体组织；部分脱碳是指在全脱碳层之后到钢的含碳量未减少的组织处	金相组织观察或进行化学试验

（四）轧制件力学性能检验

GB/T 10623—2008《金属材料　力学性能试验术语》中对力学性能的定义为：材料在力作用下显示的与弹性和非弹性反应相关或包含应力－应变关系的性能。力学性能检验包括拉伸试验、冲击试验、硬度试验等。

1. 拉伸试验

（1）拉伸试验的内容包括室温下拉伸、高温下拉伸、金属薄板拉伸、焊缝及堆焊金属材料的拉伸等。

（2）拉伸试验的目的是测试材料的规定非比例延伸强度 R_P，规定残余延伸强度 R_τ、抗拉强度及 R_m、断后伸长率 A、断面收缩率 Z 等力学性能。

（3）拉伸试验设备有油压万能材料试验机、杠杆试拉力试验机、引伸计等。

2. 冲击试验

冲击试验是一种动力学试验，也叫冲击韧性试验。用这种试验测定材料的冲击韧性 α_k 值。根据试样的形式和断裂形式，冲击试验可分为拉伸冲击、弯曲冲击和扭转冲击等；按冲击试验次数可分为一次冲击和多次冲击试验；按冲击形态可分为摆锤式试验和落锤式试验等；按试样形态又可分为有缺口和无缺口两种，有缺口试验的目的是改变试样的应力分布状态。目前工程技术上广泛采用的是一次性摆锤弯曲冲击试验。

3. 硬度试验

金属材料抵抗物体压陷表面的能力称为硬度。硬度不像强度、伸长率等，硬度不是一个单纯的物理和力学量，而是代表弹性、塑性形变强化率、强度、韧性等一系列不同物体性能组合的一种综合性能指标。

（1）硬度试验分为压入法和刻划法。

在压入法中，根据加载速度不同又分为静载压入法和动载压入法。按试验温度高低可分为高温和低温下的硬度试验。目前生产中常用的是静载压入法。

硬度与强度之间可进行换算，见表 3－2。

表 3－2　硬度与强度的换算

序号	金属材料	硬度范围供货状态	经验公式
1	未淬硬钢（碳钢）	＜175 HBW ＞175 HBW	$R_m \approx 0.362\,\text{HBW}$ $R_m \approx 0.345\,\text{HBW}$
2	未淬硬钢（碳钢）	＜10 HRC	$R_m \approx 51.32 \times 10^4 / (100 - \text{HRC})^2$
3	铸钢（碳钢铸件）	＜40 HRC ＞40 HRC	$R_m \approx (0.3 \sim 0.4)\,\text{HBW}$ $R_m \approx 8.610^3 / (100 - \text{HRC})$
4	灰铸铁	10 ~ 40 HRC	$R_m \approx (\text{HBW} - 40)/6$ $R_m \approx 48.86 \times 10^4 / (100 - \text{HRC})^2$
5	高碳钢	＜255 HBW	$R_m \approx 0.304\,\text{HBW} \pm 5$
6	铝	25 ~ 32 HBW	$R_m \approx 0.27\,\text{HBW}$

序号	金属材料	硬度范围供货状态	经验公式
7	硬铝	<100 HBW	$R_m \approx 0.36$ HBW
8	铝合金	<45 HBW	$R_m \approx 0.266$ HBW
9	铜	<150 HBW	$R_m \approx 0.55$ HBW
10	黄铜(H90、H80、H86)	<150 HBW	$R_m \approx 0.35$ HBW
11	黄铜(H62)	<164 HBW	$R_m \approx 0.43 \sim 0.46$ HBW
12	Cu－Zn－Al 合金	80~90 HBW	$R_m \approx 0.48$ HBW

(2)常用的静载压入法试验方法有布氏硬度试验、洛氏硬度试验、维氏硬度试验和显微硬度试验。不同的硬度使用于不同的场合,各种硬度的测试方法也不相同。

(3)不同硬度之间可以近似换算。当硬度大于 220 HBW 时,1 HRC ≈ 10 HBW。

(五)轧制件工艺性能试验

金属材料的工艺性能,是指金属材料所具有的能适应各种加工工艺要求的能力。工艺性能是力学、物理、化学性能的综合表现。

金属材料常用铸造、压力加工、焊接和切削加工等方法制造成零件,各种加工方法均对材料提出了不同的要求。

二、铸件毛坯的检验

(一)相关知识

铸造适用于床身、支架、变速箱、缸体、泵体等形状较为复杂的零件毛坯。其制造方法主要有砂型铸造、金属型铸造、压力铸造、熔模铸造、离心铸造,较常用的是砂型铸造。

当毛坯精度要求低、生产批量较小时,采用木模手工造型;当毛坯精度要求较高且量很大时,采用金属模机器造型;当毛坯的强度要求较高且形状复杂时,可采用铸钢;有特殊要求时,可采用铜、铝等有色金属。

1. 金属的铸造性

金属的铸造性是指浇注金属时液态金属的流动性、凝固时的收缩性和偏析倾向性等。流动性好的金属材料具有良好的充填铸型的能力,能够铸造出大而薄的铸件。

2. 收缩

收缩是指液态金属凝固时体积收缩和凝固后的线收缩,收缩小可提高金属的利用率,减小铸件产生变形或裂纹的可能性。

3. 偏析

偏析是指铸件凝固后各处化学成分的不均匀,若偏析严重,将使铸件的力学性能变坏。在常用的铸造金属材料中,灰铸铁和青铜具有良好的铸造性能。

(二)铸件的检验内容

1. 铸件常见缺陷

铸造毛坯件常见铸造缺陷：气孔、缩孔、缩松、夹渣、砂眼、裂纹、冷隔、披缝、毛刺、粘砂、胀砂、浇不足、损伤、尺寸偏差、变形、错箱、错芯、偏芯、抬箱等。这些缺陷将使毛坯使用受限，甚至造成报废。

2. 铸件检验内容

铸件检验包括铸造工序检验、铸件成品检验。具体项目如图 3-2 所示。

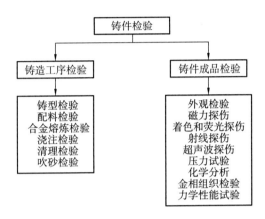

图 3-2　铸造检验项目

(1)铸造工序检验

毛坯的检验内容中，毛坯工序检验是在铸造工序过程中进行的。铸造工序的检验项目如下：铸型的检验、配料的检验、合金冶炼检验、浇注的检验、清理的检验、吹砂的检验。

(2)铸件成品检验

铸件成品检验项目包括相关技术条件的检验、表面质量检验、几何尺寸检验等内容。

相关技术条件的检验包括铸件化学成分、力学性能等检测内容。力学性能检测、金相及化学成分检测等，均必须按相关国家标准执行。

机械加工生产一线人员在工艺过程中对铸造毛坯的检查主要是对其外观铸造缺陷(如有无砂眼、砂孔、疏松，有无浇不足、铸造裂纹等)的检测，以及毛坯加工余量是否满足加工要求的检测。

外观质量检测见表 3-3、表面粗糙度值检测见表 3-4。

表 3-3　铸件外观质量检测项目

序号	检测项目	检测方法	检测依据	检测频次	检测人员
1	铸件表面有无飞边、毛刺、粘砂、氧化皮等	目视检查	技术条件	100%	操作员
2	铸件表面有无气孔、缩孔	目视检查	技术条件	100%	检验员
3	铸件表面有无夹渣、多肉、缺肉	目视检查	技术条件	100%	检验员

序号	检测项目	检测方法	检测依据	检测频次	检测人员
4	加工定位表面平整光洁，浇冒口小于 0.5 mm	目视检查	图样要求	100%	检验员
5	铸件非加工面允许有小于加工余量 2/3 的缺陷存在	卡尺	技术条件	100%	检验员
6	铸件表面无裂纹	磁粉探伤	技术条件	100%	检验员
7	铸件表面粗糙度	与标准样块对比	技术条件	抽查	检验员
8	铸件表面均匀涂防锈漆或防锈油	目视检查	技术协议	100%	检验员

表 3-4　铸件表面粗糙度（Ra 值）

材质	分 类					
	小件 < 100 kg		中件（100~1 000）kg		大件 > 1 000 kg	
	一般件	较好件	一般件	较好件	一般件	较好件
铸钢砂型	50	25	100	25	100	50
铸铁砂型	25	12.5	50	25	100	50

几何尺寸检验方法是采用划线法检查毛坯的加工余量是否足够，另一种方法是用毛坯的参考基准面（也称工艺基准面）作为毛坯的检测基准面的相对测量法（需要测量相对基准面的尺寸及进行简单换算）。

铸件成品几何尺寸检验分别参照表 3-5、表 3-6 和表 3-7。铸件尺寸公差的代号为 CT（Casting Tolerances），公差等级分为 16 级。

表 3-5　铸件尺寸公差数值（摘自 GB/T 6414—2017）　　　　　　　　mm

公称尺寸		公差等级 CT						
大于	至	3	4	5	6	7	8	9
—	3	0.14	0.20	0.28	0.40	0.56	0.80	1.2
3	6	0.16	0.24	0.32	0.48	0.64	0.90	1.3
6	10	0.18	0.26	0.36	0.52	0.74	1.0	1.5

表 3-6　小批量生产或单件生产的毛坯铸件的尺寸公差等级（摘自 GB/T 6414—2017）

序号		造型材料	铸件尺寸公差等级 DCTG							
			钢	灰铸件	球墨铸铁	可锻铸铁	铜合金	轻金属合金	镍基合金	钴基合金
砂型铸造手工造型		粘土砂	13~15	13~15	13~15	13~15	13~15	11~13	13~15	13~15
		化学粘结剂砂	12~14	11~13	11~13	11~13	10~12	10~12	12~14	12~14
注 1：表中所列出的尺寸公差等级是砂型铸造小批量或单件时，铸件通常能够达到的尺寸公差等级。										
注 2：本表也适用于经供需双方商定的本表未列出的其他铸造工艺和铸件材料。										

表 3－7　大批量连续生产的铸件公差等级（摘自 GB/T 6414—2017）

序号	造型材料	公差等级 CT0					
		铸钢	灰铸件	球墨铸铁	可锻铸铁	铜合金	轻合金
1	砂型、手工	11～13	11～13	11～13	11～13	10～12	9～11
2	砂型、机械	8～10	8～10	8～10	8～10	8～10	7～9
3	金属型		7～9	7～9	7～9	7～9	6～8
4	低压铸造		7～9	7～9	7～9	7～9	6～8
5	压力铸造					6～8	5～7
6	熔模铸造	5～7	5～7	5～7		4～6	4～6

（三）铸造工序检验

1. 铸型的检验

（1）造型材料的检测

造型材料包括硅砂、黏结剂（膨润土）和涂料造型材料进货检测见表 3－8。各种硅砂性能、牌号及用途见表 3－9。

表 3－8　造型材料的检测

序号	名　称	检测内容	检测方法	检测依据	检测频次
1	硅砂	外观是否纯净，有无小石块或小贝壳等杂物	目视检查	技术要求	1 次/30～60 t
2	硅砂	SiO₂ 含量、含泥量、粒度、均匀率	化学分析多面筛	技术要求	1 次/30～60 t
3	黏结剂	外观不受潮、无结块	目视检查	技术要求	1 次/批
4	黏结剂	湿压强度，热湿拉强度、含水量	目视检查	技术要求	1 次/批
5	水基涂料	外观是否为黑色悬浮状液体	卡尺	技术要求	1 次/批
6	水基涂料	密度不小于 1.4 g/cm³	磁粉探伤	技术要求	1 次/批

注：造型材料进厂须具有供货单位质量保证书，硅砂不足 30 t 按 1 个批次进行检测。

表 3－9　各种硅砂性能、牌号及用途

序号	名　称	牌号	SiO₂ 含量	含泥量	粒度	均匀率	用途
1	水洗砂	ZGS92－75/150	≥92%	≤0.6%	75/150 或 100/55	≥75%	造型
2	水洗砂	ZGS90－55/100	≥90%	≤0.6%	55/100 或 100/55	≥75%	油芯用砂
3	擦洗砂	ZGS90－55/100	≥90%	≤0.5%	55/150 或 100/55	≥75%	树脂芯用砂
4	擦洗砂	ZGS75－100/200	≥75%	≤20%	100/200		油芯辅料

注：SiO₂ 含量越高，耐火度越高；含泥低，粒度均匀，型砂透气性高。生产中为了预防铸件表面产生烧结、化学粘砂和气孔，常使用高 SiO₂ 低含泥量的硅砂。

（2）模型的检测

模型的检测见表 3-10。

表 3-10 模型的检测

序号	检测项目	检测方法	检测依据	检测范围
1	模型是否有合格证	目视检查	模型管理制度	每套模型
2	尺寸是否合格	画线检查	模型图	每套模型
3	组合件是否齐全	目视检查	模型图	每套模型
4	出气棒、通气槽是否完好畅通	目视检查	工艺图	每套模型
5	表面是否有裂纹、冷隔和气孔	目视检查	技术要求	每套模型
6	表面粗糙度是否符合要求	对比样块	图样要求	每套模型

注：模型检测合格后，必须进行首件验证，检查铸件的尺寸是否合格和是否有铸造缺陷，确认合格后，进行小批量生产，经过用户机械加工、装配合格后，才能进行大批量生产。

（3）造型、造芯的检测

造型、造芯的检测分别见表 3-11 和表 3-12。

表 3-11 造型的检测

序号	检测项目	检测方法	检测依据	检测频次
1	模具表面是否有损伤	目视检查	工艺规程	更换模具
2	定位销子、销套是否松动	手动检查	工艺规程	更换模具
3	砂型紧实度	砂型 B 型硬度计	工艺要求	5% ~ 10%
4	型砂水分、透气性、强度	专用仪器	工艺要求	抽查
5	铸型表面是否破损	目视检查	工艺规程	100%
6	砂箱销子、销套是否松动，尺寸是否超差	专用塞规 专用卡规	技术要求	1 次/周
7	砂芯平整、光洁、无破损现象	目视检查	工艺规程	100%
8	砂芯是否安放到位	目视检查	工艺要求	100%
9	浇口杯是否有残留物或破损	目视检查	工艺要求	100%

表 3-12 造芯的检测

序号	检测项目	检测方法	检测依据	检测频次
1	芯盒是否合格	目视检查	工艺规程	制芯前
2	芯骨外形及尺寸是否符合要求	样板	工艺规程	抽查
3	冷铁是否安放到位	目视检查	工艺要求	抽查
4	芯砂发气量、强度是否符合工艺要求	专用仪器	工艺要求	抽查
5	通气孔是否畅通	目视检查	工艺规程	100%

续表

序号	检测项目	检测方法	检测依据	检测频次
6	泥芯干燥温度、时间	仪表	工艺规程	1次/炉
7	砂芯外形尺寸是否符合要求	专用样板	工艺规程	100%
8	砂芯表面是否破损、烧枯	目视检查	工艺要求	100%
9	砂芯存放时间	计时	工艺要求	每批/种

（4）合箱的检测

合箱的检测见表3－13。

表3－13　合箱的检测

序号	检测项目	检测方法	检测依据	检测频次
1	上下砂型方向是否正确	目视检查	工艺规程	100%
2	上箱通气孔是否通畅	目视检查	工艺规程	100%
3	冷铁数量和位置是否准确	目视检查	工艺图	100%
4	泥芯是否安放到位	目视检查	工艺要求	100%
5	铸型表面是否吹净浮砂	目视检查	工艺要求	100%
6	砂箱销子销套是否完好	目视检查	工艺要求	100%
7	合箱后铸型浇铸前的停留时间	计时	工艺规程	每批

2. 配料的检验

配料的检验一般包括如下内容：

——查看原材料有无合格证、牌号，规格是否符合要求。

——检验中间合金、回炉料的化学成分和质量是否符合要求。

——检验配料成分和配制百分比是否符合规定。

——检验辅助材料是否符合使用要求，有使用期限的，是否达到或超过使用期限。

3. 合金熔炼的检验

（1）铝镁合金熔炼的检验内容

——熔炼坩埚的涂料和预热温度是否正确。

——熔炼工具有无涂料和是否经过预热。

——炉料表面是否清除干净。

——炉料的预热温度、时间、加料顺序、中间合金加入时的温度是否正确。

——熔化过程中合金的温度是否有超温或因仪表失灵而跑温的现象。

——查看炉前化学分析、光谱分析的报告结果。

——合金精炼的温度、精炼剂用量是否正确。

——合金变质的处理情况，变质剂干燥情况，合金变质温度、时间、变质后的质量是否符合要求。

——铝合金应检验含气率，镁合金应检验断口结晶。

——每熔化炉次的熔化时间是否超过规定的要求。

（2）铜合金熔炼的检验内容

——炉料表面是否清理干净。

——炉料是否预热。

——熔化工具是否刷了涂料和经过预热。

——覆盖剂是否干燥。

——加料顺序、脱气的温度是否正确。

（3）碳素钢、磁钢、高温合金和合金铸铁熔炼的检验内容

——炉料表面是否干净，是否按需要进行预热。

——加料顺序、中间合金和贵重元素的加料温度、合金的精炼温度是否正确。

——注意炉前光谱取样温度和化学成分的分析结果。

——按规定要求检验脱氧剂的质量。

——合金熔炼后，保温的温度是否符合规定要求。

——检查性能用的试样炉号是否正确。

4. 浇注检验

浇注的检验内容如下：

——检查铸型是否准备好了，要求模壳加脱碳保护剂的是否加了脱碳保护剂。

——查看是否需要检验合金出炉温度和浇注温度。

——观察浇注的渣子是否挡好，液流是否均匀，是否有中断现象；浇注速度是否符合要求，冒口是否充满。

——查看铸件铸型内停留时是否正确；检验金属型铸件首件的形状、尺寸及表面质量是否符合图样要求。

——查看金属型浇注过程中铸型的涂料有无脱落现象。

——在浇注过程中，必须经常抽查铸件规定形状、尺寸和表面质量，注意有无变形现象。

——查看力学性能和化学分析试样的浇注时间、数量、炉号是否符合要求，每个熔炼炉次的浇注时间是否正确。

5. 清理检验

（1）浇注后开箱清理时的检验内容

——铸件上的型砂、芯骨是否完全清理干净，浇冒口是否按牌号分别存放。

——查看铸件上炉号是否清楚、正确，施工卡片填写是否正确。

——按规定挑选具有代表性的零件作试样。

（2）铸件清理过程中的检验内容

——铸件非加工表面和基准面上的浇冒口残余量、毛刺、波纹、氧化皮、铸瘤等是否打磨得符合要求，加工表面上所有残余量是否符合尺寸公差。

——用铜管细孔铸造的铸件，需检查腐蚀剂的浓度和铜管内是否干净。

——铸件上有无机械损伤和变形。

——铸件清理干净后,铸件上打炉号的位置是否正确、清楚。

6. 吹砂检验

铸件吹砂的检验内容如下:

——砂子粒度是否符合要求,压缩空气的压力是否符合规定。

——铸件表面油脂脏物、氧化皮等是否吹干净。

——铸件有无碰伤和变形。

——铸件是否按炉次吹砂,实际数量与工艺(工序)流转卡上的数量是否相等。

(四)铸件成品检验

1. 外观检验

铸件成品的外观检验包括外观质量检验和几何尺寸检验两项内容:

(1)外观质量检验

外观质量检测见表3-3、表面粗糙度值检测见表3-4。

(2)几何尺寸检验

实际尺寸制造的准确程度称为精度。不同的铸造方法采用不同的精度等级。

几何尺寸的检验应按规定的标准,用画线的方法进行检验。一种方法是采用画线法检查毛坯的加工余量是否足够;另一种方法是用毛坯的参考基准面(也称工艺基准面)作为毛坯的检验基准面的相对测量法(需要测量相对基准面的尺寸及进行简单换算)。

铸件检验一般按图样规定的尺寸作为测量的公称尺寸,根据图样规定的公差判定尺寸是否合格。图样没有规定的,不同的铸造方法铸件尺寸公差数值不同,应查阅相关的国家标准。

具体检验方法如下:

——在成批量生产及工艺过程稳定的条件下,一般只抽查几个容易变动的部分或要求精确的尺寸,进行画线检验,其他尺寸可采取定期画线检验。对尺寸有怀疑的地方,可随时进行画线检验。

——画线用的铸件应从正常生产中抽取,必须清除冒口,并将表面毛刺打磨干净。其表面必须平整。

——画线时,应从图样上规定的基准开始,按图样要求检验所有尺寸。

——画线后,应将结果填写在画线报告中并通知有关单位。

2. 磁粉探伤检验

对于表面或近表面的微小缺陷,如微裂纹、气孔、夹渣等可用磁粉探伤检验,方法如下:

——将待检铸件放在电磁铁的正负极间,使磁力线通过铸件,如图3-3所示。

——然后在铸件被测表面上浇上磁粉悬浮油液。

——如果铸件表面存在缺陷,缺陷处磁阻很大,阻碍磁力线通过致使一部分磁力线在缺陷处穿出铸件表面,绕过缺陷再进入铸件而达到电磁铁的另一个极。

——这些穿出铸件表面的磁力线,就会将油液中悬浮的磁粉吸住,形成与缺陷形状相似的图案，并且磁粉吸聚的位置就指示出缺陷所处的位置。

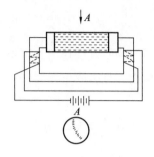

图 3 - 3　磁粉探伤原理

3. 着色和荧光探伤检验

对于铸件表面的微细缺陷，如微细裂纹、疏松等缺陷，可用着色和荧光探伤来检验。着色探伤的检验方法如下：

——检验时，在经过加工的被检验的表面上，涂上一层渗透性很好的着色液，如煤油、丙酮、颜料等的混合物。

——待着色液渗入表面上的孔隙后，把着色液从被检表面上揩去。

——然后喷上一薄层锌白，这时残留在孔隙的着色液又被吸到表面上，从而显示出铸件上缺陷的形状和位置，如图 3 - 4 所示。

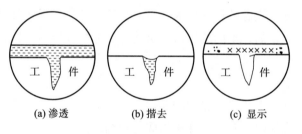

(a) 渗透　　　　　(b) 揩去　　　　　(c) 显示

图 3 - 4　着色探伤

荧光探伤和着色探伤一样，不同的只是渗透液是荧光渗透液，在紫光灯照射下，能发出荧光，从而显示出缺陷的形状和位置。

4. 射线探伤检验

对于铸件内部的缺陷，如气孔、缩孔、夹渣等缺陷，可用射线探伤(X 射线或 γ 射线探伤)来检验。射线探伤的检验方法如下：

——凡图样或技术条件要求进行射线探伤检验内部质量的铸件，应先经目视检验，其表面应无毛刺，并切除浇冒口和清理干净后方可进行。

——使射线通过被检铸件。当射线透过物体时，与物体中原子相互作用，射线不断地被吸收和散射而逐渐衰减。衰减的快慢与物体的密度有关，密度越大，衰减越快。

——铸件气孔、缩孔和夹渣中的物质，一般都远比铸件金属的密度低，射线经过缺陷作用在底片上的能量较大，因而在底片上可显示出缺陷的图形。

——使用 X 射线和、γ 射线探伤时，要注意安全防护。

——X 射线探测的厚度一般在 50 mm 以下；γ 射线探测的厚度一般在 150 mm 以下。

5. 超声波探伤检验

对于铸件内部的缺陷，如气孔、裂纹、夹渣、缩松等缺陷，可用超声波探伤来检验。其探测铸件壁厚可达到 10 m。超声波探伤的检验方法如下：

——探伤时，为使探头发射的超声波能大部分进入铸件内部，应在铸件放置探头的探测面上涂刷一层耦合剂(如机油)。

——然后一边按一定的路线缓慢地移动探头，一边注意探伤器示波屏上的图形，根据图形就可以确定缺陷的深度和大小。如图 3－5 所示。

——图 3－5(a)表示铸件没有缺陷，图形上只有铸件探测面上反射落成的 T 波和底面上反射形成的 B 波；图 3－5(b)表示铸件有缺陷，图形上除了 T 波和 B 波外，还出现了因缺陷反射形成的 F 波，根据 F 波在 T 波和 B 波之间的位置，按比例可推出缺陷的位置(即深度)；缺陷越大，经缺陷反射的能量也越多，F 波的高度也越大，而 B 波相应要降低，如图 3－5(c)所示。

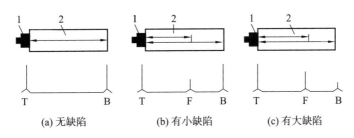

(a) 无缺陷　　　　　(b) 有小缺陷　　　　　(c) 有大缺陷

图 3－5　超声波探伤图形

1—探头　2—铸件

——根据缺陷的大小、所处的位置以及铸件材料的性质，结合生产经验，就可以判断它属于哪一种缺陷，或进一步用射线探伤判断缺陷的情况。

——超声波探伤应用范围广泛，灵敏度高，设备小巧，运用灵活，但只能检验形状较简单的铸件，且表面要求经过加工等。

6. 压力试验

对铸件的致密性、疏松、针孔、穿通裂纹和穿通气孔等，可用压力试验检验。如汽轮机气缸、高压阀门等铸件，一般都应经过压力试验。压力试验分液压试验和气压试验两种。铸件气密性的检验见表 3－14。压力试验的检验方法如下：

表 3－14　气密性的检验

序号	试验方法	使用介质	工作压力	保压时间	试验结果	结论
1	水压试验	水	1～2 倍的铸件工作压力	15～20 min	压力不下降	合格
2	气压试验	压缩空气	980 kPa	5～10 min	不冒气泡	合格

——压力试验之前，铸件应经目视检验合格，铸镁件需经浸漆或浸油处理。

——把具有一定压力的水、油或空气压入铸件内腔，如果铸件有贯穿的裂纹、缩松等缺陷，水、油或空气就会通过铸件的内壁渗漏出来，从而可发现缺陷的存在及其位置。

——液压试验的压力容易升高，且试验时较安全，发现缺陷也较方便，所以应用较多。

——气压试验时渗漏出来的气体很难发现，所以小铸件可浸在水中进行检验，大铸件可在容易产生缺陷的地方或怀疑处涂上肥皂水，当有气体渗出时，就有肥皂泡冒起。

——当铸件不易构成密封的空腔而无法进行压力试验时，可倒入煤油检验铸件的致密性。因煤油黏度小、渗透性好，为了更容易显示渗漏的部位，还可在铸件的背面涂上白粉来增强显示效果。

三、锻件毛坯的检验

锻件是机械制造工业常用的毛坯件。由于锻件可使原材料经过模锻或自由锻来改变形状，改变内在质量达到精加工前工件的雏形，因此使用锻件可以降低原材料的消耗，节省机械加工工时，提高生产效率和力学性能，节约生产成本。例如汽车、摩托车的金属零件的毛坯，广泛采用锻件。

(一)相关知识

锻造是对坯料施加外力使其产生塑性变形，以改变其尺寸、形状并改善其性能，用以制造机械零件、工件或毛坯的压力成型加工方法。

行使选用锻件毛坯的毛坯一般是强度要求较高、形状比较简单的零件加工，如：承受冲击、交变载荷，但结构形状较简单的轴、齿轮等。

1. 金属材料的锻造性

金属材料的锻造性是指材料在压力加工时，能改变形状而不产生裂纹的性能，是材料塑性好坏的表现。钢能承受锻造、轧制、冷拉、挤压等形变加工，表现出良好的锻造性。铁合金的锻造性与化学成分有关：低碳钢的锻造性好；碳钢的锻造性一般较合金钢好；铸铁则无锻造性。

2. 锻造方法

锻造的方法有自由锻和模锻两种。自由锻毛坯精度低、加工余量大、生产率低，对操作者技能水平要求高，适用于单件小批生产以及大型零件毛坯。模锻毛坯精度较高、加工余量上大生产率高，但模具制造费用高，适用于中批以上生产的中小型毛坯。模锻常用的材料有中、低碳钢及低合金钢。

3. 锻件常见缺陷

锻件常见缺陷主要分为五大类，即由原材料和下料时产生的锻件缺陷，加热时产生的缺陷，锻造时产生的缺陷，锻件冷却时产生的缺陷和锻件清理时产生缺陷。

切削加工前的毛坯检验主要是对毛坯进行外观质量、尺寸形状的检验，以及切削加工预备热处理的核查。

4. 锻造检验

锻造检验包括工序检验和锻件(成品)检验两大项，具体检验项目如图3－6所示。

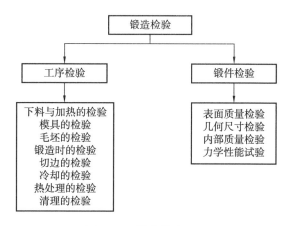

图3－6 锻造检验项目

(二)锻件材料毛坯和模具的检验

1. 材料下料及加热的检验

锻压温度需视材料而定，必须查表取用。锻压件如图3－7所示。对于非合金材料锻压温度可达到1 000℃，如图3－8所示。若低于终锻温度，则不允许继续锻压，以防止工件出现裂纹。但锻压温度过高，又会使钢材燃烧。

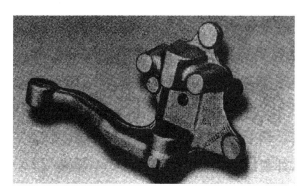

图3－7 模锻加工的转向轴

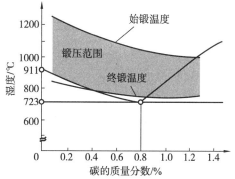

图3－8 非合金钢的锻压范围

锻件毛坯材料和温度的检验见表3－15。

表 3-15　锻件毛坯材料和温度的检验

序号	检验内容	检验方法及检验器具
1	原材料合格证及相关技术文件	目测
2	原配料成分及其含量	火花鉴别、光谱分析、化学分析
3	下料毛坯的规格、尺寸、表面质量、断口平整、质量是否符合工艺文件要求	目测、游标卡尺、磅秤
4	毛坯数量	计数、磅秤
5	每炉加热毛坯数量及在炉内安放位置是否符合工艺要求	目测、计数
6	毛坯的加热温度	测温仪
7	毛坯的加热时间	查看加热记录

2. 模具的检验

模具的检验在生产过程中非常重要，许多检验工艺或卡片中规定产品尺寸由模具保证。在大批量生产过程中，模具在温度交变、较大压力下的寿命一般都比较短(尺寸极限磨耗超限)，所以对模具的控制是个薄弱环节，应引起检验人员的高度重视。一方面要对新模具进行控制，另一方面要对使用过程中的模具进行控制。

(1)新模具的检验

新模具在投入生产前，应查看模具有效期内的合格证或进行验证。对加工出的产品进行全尺寸检验，或者浇注样件。模具热处理后的硬度(模具在修理时有的先局部退火)直接关系到模具的使用寿命，硬度达不到要求会产生早期磨损，对锻件质量有很大影响，可用锉刀、硬度计等检验其硬度。

(2)在生产过程中模具检验

在使用中，应经常注意模具的质量变化情况。对锻件做首件检验，首件锻件检验合格后方能进行正常生产。

(三)锻造过程检验

1. 毛坯的检验

毛坯的检验内容与方法：

——检验材料合格证，对照牌号、炉批号、规格、状态等。

——检验下料方法。

——查对毛坯数量。

——检验毛坯的规格、尺寸。

——检验毛坯的表面质量及下料切头质量等。

2. 加热时的检验

加热时的检验内容与方法：

——检验炉膛是否干净。

——检验炉温。

120

——检验加热毛坯的件数与其在炉中的位置是否符合规定。

——检验毛坯加热的温度及时间等。

3. 锻造时的检验

锻造时的检验内容与方法：

——查对生产用的工艺技术资料是否齐全。

——检验工、模具是否有合格证。

——检验工、模具的预热及模具的安装情况。

——检验锻造时的操作方法，如毛坯放置、锤击的快慢及润滑情况等。

——检验始锻温度、终锻温度。

——抽查锻造成品的尺寸、形状和表面质量。

——检验锻件的批次号标记是否正确等。

锻造过程检验一般情况下是控制出炉温度、始锻温度和终锻温度；对于有些产品还需要检验尺寸；还有一些产品对纤维组织有要求时，对锻造过程要进行检验，观察是否按工艺要求进行几个方向的锻造（自由锻），并送样进行组织观察。

4. 切边的检验

切边（冲孔）的检验内容与方法：

——查对所用模具是否符合图样规定，有无合格证。

——检验模具安装情况。

——检验切边（冲孔）方法。

——检验切边（冲孔）后的外观质量和尺寸。

5. 冷却的检验

冷却的检验内容与方法：

——检验冷却的方法。

——检验冷却后锻件的质量，主要是检验外观、形状等。

自由锻时，通过对毛坯件有目的地锤打，产生最终工件形状。加工过程中，材料可在模具之间自由移动。自由锻主要加工单件工件或为模锻准备预成形件。模锻时，在一个由两部分组成的锻模中把毛坯件锤打成所需的锻件，模具是由耐高温工具钢制成的钢模。对钢模的耐磨损要求非常高，一副钢模的使用寿命必须达到可锻打 10 000~100 000 件工件。

锻造时的检验见表 3-16。

表 3-16　锻造时的检验

序号	检验内容	检验方法
1	生产用工艺技术资料是否齐全	目测
2	工、模具合格证	目测
3	工、模具预热及模具的安装情况	目测、手测法
4	锻造时操作方法（毛坯放置方法、锤击快慢与轻重、润滑情况等）	目测
5	始锻、终锻温度	测温仪
6	抽查锻件的尺寸、形状、表面质量	游标卡尺、目测、画线检验

序号	检验内容	检验方法
7	锻件数量	称重或计数
8	锻件的炉批及生产批次标记	目测

6. 热处理的检验

热处理的检验内容与方法：

——检验锻件的装炉、出炉情况。

——检验热处理温度及保温时间。

——检验锻件的冷却方法。

——检验锻件的硬度。

——检验锻件的外观质量(有无变形、裂纹等)。

——检验锻件的热处理印记。

7. 清理的检验

清理的检验内容与方法：

——检验清理后的表面质量。

——检验锻件的数量。

(四)锻件成品检验

锻件外观检验包括表面质量、几何形状和尺寸检验两项内容。

1. 表面质量检验

表面质量检验的内容与方法如下：

——用目视观察锻件表面有无裂纹、折叠、端部凹陷、伤痕和过烧等缺陷。

——对某些有缺陷的锻件，当不能立即作出判断时，可在冷铲或机械粗加工后，再检验确定。

——对表面细微裂纹等缺陷，当用目测不能直接发现时，可用磁粉探伤、着色探伤和荧光探伤检验。

2. 几何形状和尺寸检验

锻件的几何形状和尺寸，应按锻件图样要求进行检验，常用的检验方法如下：

(1)画线检验

先以锻件某一较精确的部分为基准划出基准线，然后用量具进行测量。图3-9所示连杆锻件的两头部、两孔及杆部都可能出现不对称情况(如尺寸A、B)。如果杆部及小头的相对位置较精确，则可画出它们的中心线，以中心线为基准，测量大头及大孔。

(2)样板检验

对于形状复杂的锻件，如吊钩、扳手等锻件，可用样板进行检验。

(3)圆弧半径的检验

对于带有圆弧的锻件，可用半径样板检验，如图3-10所示。

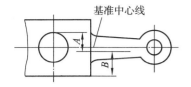

图 3－9 连杆的画线检验

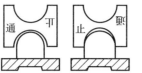

图 3－10 用半径样板检验圆弧半径

（4）高度与直径的检验

单件和小批生产时，一般可用游标卡尺、高度尺进行测量。大批量生产时，可用极限卡板检验，如图 3－11 所示。

（5）壁厚的检验

壁厚一般可用游标卡尺等通用量具检验。大批量生产时，可用有扇形刻度的外卡钳来测量，如图 3－12 所示。

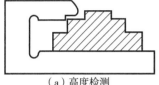

（a）高度检测　（b）直径检验

图 3－11 用极限卡板检验

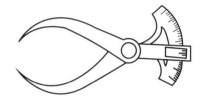

图 3－12 带有扇形刻度的外卡钳

（6）错移的检验

对于杆类或轴类锻件，有横向错移时，可用游标卡尺测量分模线处的直径误差。如图 3－13 所示，错移量 Δe 为：

$$\Delta e = \frac{D_1 - D_2}{2}$$

（7）偏心度的检验

用游标卡尺测量锻件偏心最大处同一直径两个方向上的尺寸 A 和 A'。如图 3－14 所示，其偏心度 e 为：

$$e = \frac{A - A'}{2}$$

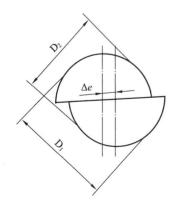

图 3－13 错移的检验

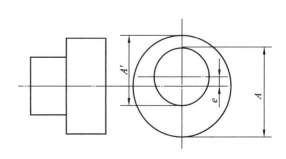

图 3－14 偏心度的检验

（8）轴类锻件弯曲度的检验

将轴类锻件放在平板上滚动检验，也可用 V 形架将锻件两端架起慢慢转动，用划线盘进行检验。

（9）翘曲度的检验

测量时，将锻件的其中一个平面放在平台上，用游标高度卡尺测量另一个面翘曲的高度。如图 3 − 15 所示。

（10）垂直度的检验

将锻件放在两个 V 形架上，用指示表测量其某一端面或凸缘，即可测出端面与中心线的垂直度误差。如图 3 − 16 所示。

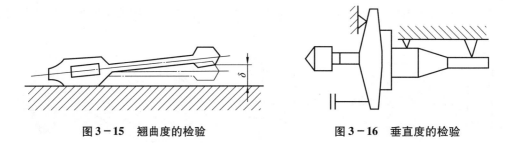

图 3 − 15　翘曲度的检验　　　　　图 3 − 16　垂直度的检验

3. 内部质量的检验

检验锻件内部缺陷的常用方法包括：低倍检验、高倍检验和无损检验。

（1）低倍检验

低倍检验的内容与方法：

——用肉眼或借助于 10 ~ 30 倍的放大镜，检验锻件断面上的缺陷。

——对于流线、枝晶、缩孔痕迹、空洞、夹渣、裂纹等缺陷，一般用酸蚀法在其横向或纵向断面上检查。

——对于过热、过烧、白点、分层、萘状、石板状断口等缺陷，一般用断口法检验。

——对于金属偏析，特别是硫分布不均匀等缺陷，可采用硫印法检验。

——低倍检验所用试样，须取自容易出现缺陷的部位，一般留在钢锭的冒口端。

——低倍检验的试棒及其长度：当锻件长度大于 3 m 时，锻件两端均留试棒；当锻件长度在 3 m 以内时，在锻件一端留一个试棒。

低倍试棒长度按以下公式计算：

对于轴类件：$L \geqslant \dfrac{1}{2}D + a + b$

对于方料件：$L \geqslant \dfrac{1}{2}A + a + b$

对于空心件：$L \geqslant \dfrac{D_2 - D_1}{4} + a + b$

式中：L——低倍试棒长度，mm；

　　　D——圆料的直径，mm；

D_2——空心料外圆直径，mm；

　　D_1——空心料内孔直径，mm；

　　A——方料的小边长度，mm；

　　a——切口宽度，mm；

　　b——低倍试块的厚度（$b = 20 \sim 25$ mm）。

（2）高倍检验

高倍检验的方法如下：

——在被检锻件上截取金相试片。

——将金相试片放在金相显微镜下，观察有无裂纹、非金属夹杂等缺陷。

——必要时，可拍成照片，进行金相分析研究。

（3）无损检验

锻件常用的无损检验方法有磁粉探伤和超声波探伤两种。其具体方法可参看铸件的检验。

4. 力学性能试验

力学性能试验的内容如下：

——试样的切取方向按图样要求决定，若图样上未注明要求，可在纵向、横向或切向上任选取样。

——力学性能试验应在试验室进行，试验结果应符合图样要求。

四、焊接件的检验

　　焊接连接的质量不仅取决于所使用的焊接设备和材料，还取决于焊工的专业技能和可靠程度。钢结构制造业、管道制造业、机床制造业、核工业、交通制造业和航空航天工业等行业，都对焊接质量提出很高要求，通常必须通过特殊检验手段进行验证。

（一）相关知识

1. 焊接性

金属材料的焊接性是在通常的焊接方法和工艺条件下，能否获得质量良好焊缝隙的性能。焊接性能好的材料，易于用一般的焊接方法和工艺进行焊接，焊缝中不易产生气孔、夹渣或裂纹等缺陷，其强度与母材相近。焊接性能差的材料要用特殊的焊接方法和工艺进行焊接。

2. 材料的焊接性能

通常可以从材料的化学成分估计其焊接性能。在常用的金属材料中，低碳钢有良好的焊接性能，高碳钢、合金钢和铸铁的焊接性能差。

3. 焊接件毛坯缺陷

焊接缺陷是焊接过程中，在焊接接头中产生的不符合设计或工艺文件要求（使用要求）的缺陷。在金属焊接中，常见的焊接不合格可分为三类，即熔焊接头常见不合格、点（缝）焊接头常见不合格及钎焊接头常见缺陷。

焊接件毛坯常见缺陷是焊接接头缺陷。焊接时产生的缺陷特征及原因分析参见表3－17。

表3－17 焊接时产生的缺陷及原因分析

不合格名称	不合格特征	原因分析
气孔	焊缝表面及焊缝内部形成圆形、椭圆形或带状的及不规则的孔洞（有连续、密集或单个之分）	1)环境温度高； 2)保护气体中有水分或碳氧化合物； 3)电弧不稳定，气体保护不良； 4)焊丝焊件清理不干净有油污； 5)焊接速度过高，冷却快，气体也不易逸出； 6)氩气流量过小或喷嘴直径不合适； 7)焊接材料不致密，焊丝有夹渣； 8)焊接垫板潮湿
烧穿	基体金属上形成孔洞	1)焊接电流过大； 2)焊接装配间隙太大； 3)焊速太慢，电弧在焊缝处停留时间过长； 4)焊机故障； 5)焊接件变形(没压紧)； 6)操作不正确造成短路
裂纹	在过渡区上的裂纹；在焊缝上的纵向、横向裂纹；从焊缝延伸到基体金属上的裂纹；补焊处的裂纹；熄弧处的弧坑裂纹；按温度及时间不同分热裂纹和冷裂纹	1)结构不合理使焊缝过于集中； 2)装配件不协调，内应力过大； 3)焊接顺序不当，造成强大的收缩应力； 4)焊接收缩应力超过焊缝金属的强度极限； 5)现场温度过低，冷却速度过快； 6)定位焊点距离太大； 7)加热或熄弧过快； 8)加热或补焊次数过多； 9)焊丝材料不对； 10)焊缝向基体过渡太急剧
凹陷	焊缝高度低于基体金属	1)焊接电流大或焊机故障； 2)加入焊丝不及时； 3)焊件与整板间有间隙； 4)对缝间隙大或焊丝直径小
咬边	在焊缝边缘与基体金属交界处形成凹陷	1)焊接电流、电弧电压过大； 2)焊接速度太快； 3)焊接顺序不对； 4)焊件放置的位置不对； 5)操作方法不正确

续表

不合格名称	不合格特征	原因分析
未焊透	熔化金属和基体金属间或焊缝层间有局部的未熔合，在"丁"字及搭接接头中往往因基体金属熔透不足而留下空隙	1）焊接电流太小或焊接速度过快； 2）焊缝装配间隙过小； 3）坡口不正确； 4）焊丝加入过早、过多； 5）定位焊点过大、过密； 6）焊件清理不彻底，有油污； 7）自动焊焊偏； 8）钨极距熔池距离大
弧坑	在焊缝熄弧处留下一个凹坑（有一下陷现象）	1）操作不当，收弧太快，熄弧时间短； 2）收弧时焊丝填充不足； 3）薄件焊接时电流过大

（二）焊接检验的内容

焊接检验包括焊前检验、焊接过程中的检验和焊后成品检验三个方面。

1. 焊前检验

（1）原材料的检验

——基本金属质量检验。焊接结构使用的金属种类和型号很多。使用时应根据金属材料的型号、出厂质量检验合格证加以鉴定。对于有严重外部缺陷的材料应剔除不用，对于没有出厂合格证或没有使用过的新材料，都必须进行化学成分分析、力学性能试验及可焊性试验后才能使用。严格防止错用材料或使用不合格的原材料。

——焊丝质量的检验。焊丝的化学成分应符合国家标准要求。焊丝表面不应有氧化皮、锈、油污等。必要时，应对每捆焊丝进行化学成分校核、外部检验及直径测量。

——焊条质量的检验。焊条质量检验首先检验外表质量，然后核实其化学成分、力学性能、焊接性能等是否符合国家标准或出厂要求。焊条的药皮应是紧密的，没有气孔、裂纹肿胀或未调均的药团，药皮覆盖在焊芯上应同心，同时要牢固地紧贴在焊芯上，并有一定的强度。对变质或损伤的焊条不能使用。

——焊剂的检验。焊剂检验主要是检验颗粒度、成分、焊接性能及湿度。焊剂检验可根据出厂证的标准来检验。

（2）结构设计、装配质量的检验

——按图样检验各部分尺寸、基准线及相对位置是否正确，是否留有焊接收缩余量、机械加工余量等。

——检验焊接接头的坡口形式及尺寸是否正确。

——检验定位焊的焊缝布置是否恰当，能否起到固定作用，是否会给焊后带来过大的内应力。

——检验待焊接部位是否清洁，有无裂缝、凹陷、夹层、氧化物和毛刺等缺陷。

——检验是否留有适当的探伤空间位置，便于进行探伤时作为探测面，以及适宜探伤的探测部位的底面。

（3）其他工作的检验

——焊工考核。焊接接头的质量很大程度上取决于焊工技艺。因此，对重要的或有特殊要求的产品焊接，应对焊工的理论水平和实际操作能力进行考核。

——能源的检查。能源的质量直接影响焊缝的质量，因此应根据不同焊接方法和所使用的能源特点对能源进行检验。对电源的检验主要是检验焊接电路上电源的波动程度，对气体燃料的检验重点是检验气体的纯度及其压力的大小。

——工具的检验。手工电弧焊的工具包括面罩、焊钳、电缆等。辅助工具有敲渣锤、钢丝刷、錾子等。这些工具对焊接质量和生产率也有一定的影响。

2. 焊接过程中的检验

（1）焊接规范的检验

——手工埋弧焊规范的检验。一方面检验焊条的直径和焊接电流是否符合要求，另一方面监督焊工严格执行焊接工艺规定的焊接顺序、焊接道数、电弧长度等。

——自动埋弧焊和半自动埋弧焊规范的检验。除了检验焊接电流、电弧电压、焊丝直径、送丝速度、自动焊接速度外，还要认真检验焊剂的牌号、颗粒度、焊丝伸出长度等。

——电阻焊规范的检验。对于对焊，主要检验夹头的输出功率、通电时间、顶锻量、工件伸出长度、工件焊接表面的接触情况、夹头的夹紧力和工件与夹头的导电情况等。对于点焊，主要检验焊接电流、通电时间、初压力以及加热后的压力、电极表面及工件被焊处表面的情况等是否符合工艺规范要求。对于缝焊，主要检验焊接电流、滚轮压力和通电时间是否符合工艺规范。

——气焊规范的检验。要检验焊丝牌号、直径、焊嘴的号码，并检验可燃气体的纯度和火焰的性质。

（2）焊缝尺寸的检验

焊缝尺寸应根据工艺卡或 GB/T 985.1—2008《气焊、焊条电弧焊、气体保护焊和高能束焊的推荐坡口》和 GB/T 985.2—2008《埋弧焊的推荐坡口》所规定的要求进行检验。检验时，一般采用特制的量规和样板测量，以保证焊接过程中焊缝达到所要求的质量。

（3）夹具夹紧情况的检验

夹具是结构装配过程中用来固定、夹紧工件的工艺装备，夹具应有足够的刚度、强度和准确度。在使用中，应定期对夹具进行检修和校核，检验它是否妨碍工件进行焊接，焊接后工件由于热变形是否妨碍夹具取出，此外还应检验夹具所放的位置是否正确，夹紧是否可靠等。

3. 焊后成品检验

（1）外观及尺寸检验

外观检验是用目视法或用 5～20 倍的放大镜检验焊缝是否符合要求，如尺寸是否正确，有无裂纹、满溢、弧坑、未焊透、烧穿、咬边等缺陷。

外观检验前，必须将焊缝附近 10～20 mm 表面清理干净，并注意覆盖层表面焊渣层的情况。根据焊渣覆盖的特征、飞溅分布情况等，可以预料焊缝大致会出现什么缺陷。例如：焊渣中有裂纹，焊缝中也可能有裂纹；飞溅成线状集结，则可能因电流产生磁场而使金属微粒堆积在裂缝上。在飞溅的线状集结处应仔细检验是否有裂纹存在。

对于高强度合金钢产品的外观检验，必须进行两次。即在焊接之后进行一次外观检验外，经过 15～30 天以后再检验一次。这是因为合金钢内产生的裂纹形成得很慢，可能在焊后一段时间才形成裂纹。

若焊缝表面出现缺陷，焊缝内部便有存在缺陷的可能。如焊缝表面出现咬边或满溢，则内部可能存在未焊透或未熔合；焊缝表面多孔，则焊缝内部可能会有气孔或非金属夹杂物存在。对未填满的弧坑应特别仔细检查，该处可能会有星形散射状裂纹。

可用样板和量规检验焊缝的尺寸，如图 3－17 和图 3－18 所示。

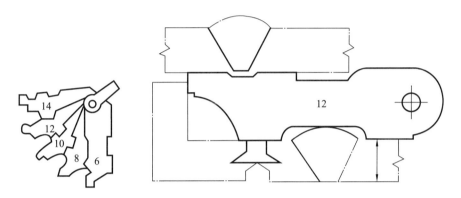

图 3－17　样板及其对焊缝的测量

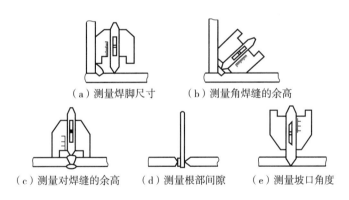

（a）测量焊脚尺寸　　　（b）测量角焊缝的余高

（c）测量对焊缝的余高　　（d）测量根部间隙　　（e）测量坡口角度

图 3－18　万能量规的应用

（2）致密性检验

致密性检验是用来发现焊缝中贯穿性的裂纹、气孔、夹渣、未焊透以及疏松组织的，常用的检验方法如下：

——煤油试验。在容易修补和发现缺陷的一面，将焊缝涂上白粉水溶液，待干后另一面涂上煤油。若有穿透性缺陷时，则煤油会渗过缝隙，使涂有白粉的面上呈现出黑色斑痕或带条状的油迹。

——吹气试验。用压缩空气对着焊缝的一面猛吹，焊缝另一面涂上肥皂水，若有缺陷存在，便产生肥皂泡。所使用压缩空气的压力不得小于 4 个大气压，喷嘴距焊缝表面的距离不得大于 30 mm，气流应正对焊缝表面。

——氨气试验。在焊缝表面上贴一条比焊缝略宽，用质量分数为 5% 的硝酸汞水溶液浸过的试纸，在容器内加入含氨气的体积分数为 1% 的混合气体，加压到所需的压力值时，若焊缝及热影响区有泄漏，则试纸的相应部位上将呈现黑色斑纹。

——氦气试验。在被检容器内充氦气或用氦气包围着容器后，检验容器是否漏氦及漏氦程度。它是灵敏度较高的一种试验方法。

——载水试验。将贮器的全部或部分充水，观察焊缝表面是否有水渗出。不渗水视为合格。

——水冲试验。在焊缝的一面用高压水流喷射，而在焊缝的另一面观察是否漏水。水流喷射方向与试验焊缝的表面夹角不应小于 70°，垂直面上的反射水环直径不应大于 400 mm。

——沉水试验。先将工件浸入水中，然后向灌内充压缩空气，为了易于发现焊缝的缺陷，被检焊缝在水面下 20 ~ 40 mm 的深处为佳。若有缺陷，则在缺陷的地方有气泡出现。

(3)压力容器焊接接头的强度检验

产品整体的强度试验分为两类：一类是破坏性强度试验，另一类是超载试验。超载试验的方法如下：

①水压试验

水压试验可用于焊接容器的致密性和强度检验。试验用的水温：普通碳素结构钢、16MnR 不低于 5℃；其他合金不低于 15℃。试验方法如图 3 - 19 所示。

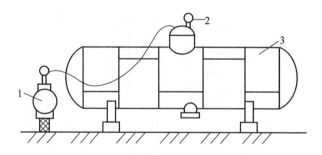

图 3 - 19　锅炉气泡的水压试验
1—水压机；2—压力计；3—工件

试验时，贮器灌满水，彻底排尽空气，用水压机造成一附加静水压力。压力的大小视产品工作性质而定，一般为工作压力的 1.25 ~ 1.5 倍。在高压下持续一定时间以后，再将压力降至工作压力，并沿焊缝边缘 15 ~ 20 mm 的地方用 0.4 ~ 0.5 kg 的圆头小锤轻轻敲击，同时对焊缝进行仔细检验。当发现焊缝有水珠、细水流或潮湿时，应标注出来，待卸压后返修处理，直至水压试验合格为止。

受试产品一般应经消除应力退火后，才能进行水压试验。在特殊情况下，如试验压力比工作压力大几倍，试验时，应注意观察应变仪，防止超过屈服点。在试验后，产品必须再经消除应力退火。试验所用的压力计，应经计量部门校准后方能使用，而且应至少有两只压力计同时使用,以避免非正常爆破造成人身事故。

②气压试验

气压试验比水压试验更为灵敏和迅速,但试验的危险性也比水压试验大。故在试验时,必须遵守下列安全技术措施:

——要在隔离场所或用厚度不小于 3 mm 的钢板将被试验的产品三面或四面包围起来,才能进行试验。

——处在压力下的产品不得敲击、振动和补修缺陷。

——在输送压缩空气到产品的管道中时,要设置一个气罐,以保证进气的稳定。在气罐的气体出入口处,各装一个开关阀,并在输出端(即产品的输入口端)管道上装设安全阀、工作压力计和监视压力计。

——产品压力升到所需的试验数值时,输入压缩空气的管道必须关闭,停止加压。

——在低温下进行试验时,要采取防止产品冰冻的措施。

试验时,先将气压值加至所需值(产品技术条件规定的),然后关闭进气阀,停止加压。用肥皂水检验焊缝是否漏气,或检验工作压力表读数是否下降。找出缺陷部位,卸压后进行返修补焊。返修后再进行检验,合格后才能出厂。

(三)力学性能试验

在焊接检验中,力学性能试验是用来测定焊接材料、焊缝金属和焊接接头在各种条件下的强度、塑性和韧性数值的。根据这些数值来确定焊接材料、焊缝金属和焊接接头是否满足设计和使用要求。同时,也可根据这些数值判断所选用的焊接工艺的正确与否。

力学性能试验是使用材料试验机在物理试验室对试件进行抗拉、弯曲、冲击、硬度、剪切和疲劳试验等。

力学性能试验的取样、试样加工、操作及评定方法的选取等,可根据具体的试验需要,按照 GB/T 2650 ~ GB/T 2654 和 JB/T 1616—1993 等规定进行。

复习思考题

1. 冲压件的检验内容有哪七大项?

2. 轧制件力学性能检验包括哪几项?

3. 简述铸造工序的检验项目。

4. 对于铸件表面的微细缺陷,如微细裂纹、疏松等缺陷,用何种方法检验?

5. 对于模具锻件为什么要做首件检验?

6. 简述锻件工序检验的项目。

7. 焊接检验中常用的无损探伤检验方法有哪些?

8. 致密性检验是用来发现焊缝中贯穿性的裂纹、气孔、夹渣、未焊透以及疏松组织的,简述常用的检验方法。

9. 焊接件毛坯的缺陷是焊接接头缺陷,简述焊接时产生的缺陷及其特征。

第三节　热处理件的检验

机械产品热处理过程中，因人、机、料、法、环、测诸多因素的影响，会对产品质量造成一定影响。例如：因热工仪表、加热设备、冷却介质、操作水平、原材料等因素的影响，热处理质量不可避免地存在差异，甚至产生不合格品，应通过检验把不合格品剔除出去。因此，质量检验对保证和提高热处理质量有着极为重要的作用，它是质量管理的重要组成部分。

由于机械产品生产企业产品品种规格、性能要求各不相同，采用的热处理设备(箱式炉、井式炉、台车炉、多用炉、真空热处理炉、气体氮化炉、高频炉、中频炉等)也不尽相同，所以热处理的检测技术应用也存在千差万别。为了使热处理检验人员有一个概括的了解和实际应用，本部分将一些常用的热处理检验项目和方法介绍如下。

一、热处理零件的质量检验项目

热处理零件的质量检验项目见表 3－18。

表 3－18　热处理零件的质量检验项目

检验项目	检验内容	检验方法与工具
外观	有无裂纹、过烧、氧化、翘曲变形及其他缺陷	目测
变形量	按图样要求检验热处理后的变形量	样板、量具或校直装置
硬度	根据生产批量、热处理状态、炉火、质量要求等确定抽检百分数	各种硬度计、锉刀等
力学性能	按要求截取试样检验	万能材料试验机
金属组织结构	金相组织、晶粒度、渗层的深度、氧化层的脆性、渗碳层的含碳量等	金相显微镜、维氏硬度计

二、热处理件的外观检验

零件热处理后，需对零件的外观质量进行检验，外观检验的内容有遗留不合格、表面损伤、表面腐蚀、表面氧化等。外观检验主要以目测为主。

1. 遗留不合格

遗留不合格主要是指钢轧制、锻造过程中产生的不合格未被消除而遗留在热处理工序中，一般发生在个别零件上，如原料纵向裂纹、锻造折叠、斑疤、机加工局部损伤等。这类问题的检验都可以目测为准。

2. 表面损伤

在热处理工序前后或热处理过程中，如发生碰撞、摩擦、冲击、压挤等使零件产生局部凹陷、划痕、棱角脱落等表面损伤，对于精磨零件或精加工后的零件，有可能会造成废品。

3. 表面腐蚀

零件热处理后，若长时间放置会造成表面腐蚀而形成斑点，轻者破坏零件质量，重者使零件报废。一般采用试磨零件的方法来测定腐蚀深度是否超出了单边加工余量。

4. 表面氧化

零件在热处理过程中与炉气中的氧剧烈作用而形成氧化皮(Fe_2O_3)，从而破坏了零件的表面质量，严重时会导致零件报废。一般情况下零件留有一定的加工余量，少量的氧化皮不会对零件尺寸有影响。

三、热处理件的变形与开裂检测

（一）变形检测

零件经热处理后，由于内应力的作用，不可避免地将产生不同程度的变形。因此，各种零件在不同热处理工序上都应给出不同的允许变形量，经检验后判定是否合格。避免不合格品流入下道工序，将不合格的零件设法校正过来。

1. 轴类件的变形检测

轴类零件的变形主要是弯曲变形。测量变形量的通常方法是用平台、塞尺或百分表、振摆检查仪等。

（1）小型轴、销的检查

如图3－20所示，测量时把零件清理干净，放在平台上并进行旋转，用塞尺或百分表测量几个部位以求得最大值。百分表可直接读出数值。

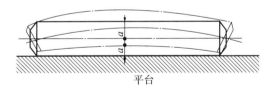

图3－20　小轴的弯曲测量示意

（2）中型轴杆类零件的检查

一般使用振摆检查仪将零件两端的中心孔顶起，用百分表检查径向圆跳动量。测量时，先要把两顶尖孔清理干净，顶尖孔的内锥面不能磕伤。两顶尖孔的联机应与轴线相重合，这样才能测量准确。为了检查两顶尖孔的联机是否与轴线重合，可用百分表移至紧靠顶尖孔的外圆，测其径向圆跳动应近似为零。

（3）大型轴类零件的弯曲变形检查

一般采用外圆定位法，如图3－21所示。在轴的两端，各用两个保持一定距离又能旋转的滚轮，滚轮支承轴的外圆，并能绕自身转动。两滚轮的距离 A 可根据轴径大小来调整。两滚轮与零件的中心联机之间的夹角在 60°~90° 之间。

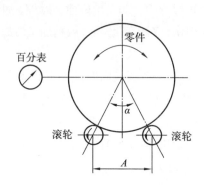

图 3 - 21　大型轴类零件检查径向圆跳动示意图

检查大轴的偏心，是把滚轮支承轴外径，用百分表放在顶尖孔的内锥表面上进行测量。

2. 孔类件的变形检测

(1)小直径的孔类件($\phi<10$ mm)热处理后常出现胀缩现象，一般用塞规进行检查。如果要求测量出孔的绝对尺寸，则用小型内径表进行检测。

(2)直径在 10~200 mm，而深度不大的孔类件，热处理后经常出现椭圆度。若要求精度不高，可用精度 0.05 mm 或 0.02 mm 的卡尺，用内径测量爪进行测量。测量前，先将零件表面清理干净并打光，测量时卡爪的松紧程度要一致，并使侧爪与孔的轴线平行，在孔的不同直径方向上测量，尺寸较小的孔在 X - X 和 Y - Y 两垂直方向上测量，尺寸较大的孔在 X - X 轴每隔 45° 测量一次，以测出不同方向的直径尺寸。

直径为 10~200 mm，深度较大的孔类件，应使用内径百分表测量。测量时不但在同一个横截面上测量不同的直径方向，同时还要在不同的高度上进行测量，因为深孔件热处理后会发生鼓形或锥形变形(喇叭口)。

(3)直径大于 200 mm 的内孔，通常使用千分尺进行测量，精度可达 0.01 mm。

3. 圆盘类零件的变形检测

这类零件的变形检验方法是用平台、塞尺。将零件清洗干净后放在平台上，以与平台最大的接触面为基准，分别在外圆、内圆不同的径向上测量翘曲值。如果要求测量精度高，则用平台和百分表进行测量。其方法是，先用百分表和标准量块测出零件的标准厚度，然后对零件进行各部位的测量。

4. 板类零件的变形检测

这类零件热处理后多数产生弯曲、翘曲变形，若截面不对称，还可能发生扭曲。变形检验方法是先将零件棱边的毛刺打光。放在平台上用塞尺或百分表在不同部位进行测量，应以平台为基准面测量两个平面的翘曲。

(二)开裂检测

1. 零件开裂检测的内容

(1)冶金、原材料和锻造产生的裂纹缺陷，如气泡、白点、轴心或皮下裂纹等。

（2）淬火裂纹。

（3）磨削裂纹。

2. 检测方法

（1）目测法

即用肉眼或低倍[（10~15）×]放大镜观察侵蚀后的截面。

（2）无损检测

在不破坏零件的前提下，利用下述物理法对零件进行检测：

——超声波探伤法。向试件定向发射频率为0.5~25 MHz的超声波，当超声波遇到材料内部缺陷时就会发生波的反射，透过声强度的减弱现象，根据仪器接收的信号和声波返回时间即可判断和检测缺陷的存在。

——磁力探伤法。将被测零件置于磁场中磁化，在表面或近表面有缺陷时，缺陷的两端会产生N-S磁极而吸附许多喷洒的磁粉，从而显示出缺陷的形貌。这一方法适用于铁磁性材料的表面或表面以下2 mm以内的缺陷检验。

——渗透探伤法。将被测零件表面的油脂、锈蚀、氧化皮等清理干净，再用渗透剂涂刷表面（也可浸入或喷涂），在15~35℃下保持5~30 min，然后用水冲洗或用布擦去表面多余的渗透剂，之后再涂敷一层显现剂保持10~15 min，即可显示出表面的缺陷。

——浸油喷砂法。在不具备以上检测条件时，对中、小件可采用浸油喷砂法进行检验。即将被测件浸入柴油或煤油中取出，停留10~20 min，使油渗入缺陷中，将零件多余的油擦掉，然后再将零件表面用喷砂机喷干净呈银灰色，经过10~20 min后，油从缺陷中浸透出来，在银灰色表面便会呈现出缺陷的形貌。

四、热处理件的硬度检验

由于硬度是金属和合金力学性能的一项重要指标，因此常作为零件设计中选材及确定工艺过程的主要依据，同时也是鉴定热处理工艺质量的重要手段。根据零件的硬度要求以及测量对象分别使用不同的硬度检验方法。

硬度检验方法有压入法、锉刀法。

1. 压入法检验硬度

应用较多的有布氏硬度检验、洛氏硬度检验、维氏硬度检验。（详见第二章第三节）

2. 锉刀法检验硬度

锉刀法检验硬度就是利用锉刀的齿来锉划被检表面，根据划痕大小和深浅来判断被检表面的硬度，因此也叫"划痕法"。

（1）锉刀检验硬度方法

——制成不同硬度的专用标准锉刀，从高硬度到低硬度分成组，标定其硬度，将硬度值打印在锉刀上，以备用来检测不同硬度的零件。

——从高硬度开始试锉，当被测工件与某一把锉刀相锉而手感打滑时，此锉刀的硬度则相当于工件的硬度。

——试锉工件时，应在不重要的外圆部位，同时应用标准硬度样块进行校正。

(2)用锉刀检验硬度的优点

——方法简单，不需复杂设备。

——适用没有硬度计的场合；零件的工作面形状(如刀具刃部)无法用硬度计测试；不便在硬度试验机上进行硬度试验的形状复杂的零件和工具；整机装配状态的零件需测试硬度等场合。

——热处理批量很大时，不可能逐个在硬度试验机上检验，可用锉刀进行"粗检"，发现问题再在硬度试验机上进行比较准确的检验。

(3)用锉刀检验硬度的缺点

——不太准确，只能确定硬度值范围。

——不同的人检验的结果差异较大。

3. 硬度检验应注意的事项

(1)硬度检验方法的选择原则和适用范围

——硬度低于 450 HBW 的材料或工件，如退火、正火、调质件、有色金属和组织均匀性较差的材料以及铸件、轴承合金等，应选用布氏硬度法测定。

——高硬度的材料和工件(大于 450 HBW)，如淬火回火钢件等，应采用洛氏硬度 HRC；对硬度特别高的材料，如碳化物、硬质合金等应选用洛氏硬度 HRA。

——硬度值较低(60~230 HBW)的工件，若其表面不允许存在较大的布氏硬度压痕，可选用 HRB 测定。

——对于薄形材料或工件、表面薄层硬化件以及电镀层等，应选用表面洛氏硬度计或维氏硬度计测定。

——无法用布氏或洛氏(HRB)硬度计测定的大型工件，可用锤击式布氏硬度计测定。

(2)检验热处理后零件硬度的注意事项

——测定前，应将零件清理干净，去除氧化皮、毛刺等，测量的表面粗糙度 Ra 值应小于 3.2 μm。测定维氏硬度的试样，其表面应精心制备，表面粗糙度 Ra 值不大于 3.2 μm。

——在球面或圆柱体上测定洛氏硬度时，必须按照 GB/T 230.1—2009 的规定加上修正值。

——检验硬度的试样，应在规定的部位测定不少于 3 点，硬度不均匀性应在要求范围内。当用锉刀检验时，必须注意锉痕的位置不能影响零件的最后精度。

(3)成品零件检验硬度时的注意事项

——磨加工的成品零件必须经退磁处理。如果退磁不彻底，吸附的细微铁屑将影响硬度测量的正确性。

——测定硬度时，尽量选用负荷较小的试验方法，以免使零件损伤。

——检验方式一般应与热处理后的检验方式相同。

五、热处理件的金相检测

金相检测是指对渗层、淬火层、心部等处的金相组织等级要求的检测，如淬火马氏体等级、晶粒度等级、残余奥氏体数量、游离铁索体等。金相检测是热处理质量检查、质量分析不可缺少的重要手段。

1. 金相检测设备

金相组织检验最常用的设备为光学金相显微镜，其基本组成部分有物镜、目镜、照明系统、滤色片、光栏和显微镜镜架。

——物镜。物镜是决定显微镜的分辨力和成像清晰的主要部件。

——目镜。目镜的主要作用是将物镜放大的实像再次放大，离明视距离处形成一个清晰的虚像。

——照明系统。照明系统能保证金相试样上被观察的整个视场范围内得到强而均匀的照明。

——滤色片。滤色片是吸收光源发出的白色光中不需要的波长的光线，而让所需波长的光线透过，以得到一定色彩的光线。

——光栏。光栏的作用是改善系统成像质量，决定通过系统的光通量，拦截系统中有害杂散光等。

——显微镜镜架。显微镜镜架上装有物镜转动器、载物台、调焦机构和镜筒。

光学金相显微镜，放大倍数可高达 2 000 倍，由灯光照明，靠棱镜反射，使光投射到试件的磨面上，经反射进入物镜，经放大成像，通过目镜进行观察或摄像。

2. 金相检验标准

在做金相检测之前，对检测的零件金相项组织要求有准确的了解。按适用标准规定的测定方法进行操作，做出评定。

3. 金相试验的制备

金相检验可以抽验零件，也可以检验同炉同料并具代表性的试样。金相试样的制备步骤如下：

（1）取样

——取样前先把零件的外形用画图或用照相的方法记录下来，再选取能代表零件的热处理状态、缺陷的部位，做好标记。

——切割试样一般用金相砂轮切割机，操作时要向砂轮片上喷水，以防零件切口附近区域受热而使组织发生变化。对于淬火后的零件，应用线切割机床进行切割取样。

（2）磨光

切割取下的试样先用砂轮磨，再用由粗到细的砂纸在互相垂直的两个方向上单向进行磨光，当磨光到 04 号砂纸时，即可转入磨光。小型或不规则的零件，可用夹持器或镶嵌机把试样镶起来进行磨光。磨光时应注意不能使试样磨倒角，否则会造成观察错误。

（3）抛光

试样抛光多采用机械抛光，即用呢料或绸料固定在抛光盘上，以 700 ~ 1 500 r/min 的转速旋转，洒以 150 ~ 600 目 Cr_2O_3，或 Al_2O_3 的混合液进行抛光，当试样抛光得如镜面一样光亮时即可冲洗干净进行侵蚀。

（4）侵蚀

对不同材料，不同的观察目的，应选用不同的侵蚀剂和侵蚀工艺。常用来显示基体组织的大多采用体积分数为 4% 的硝酸酒精溶液，侵蚀 3～10 s，然后立即冲洗干净，并吹干，即可在显微镜下显示清晰的组织。

六、几种热处理零件的检测

几种常规热处理零件的检测项目见表 3－19 和表 3－20。

表 3－19　几种常规热处理零件的检测项目（一）

检测项目	热处理方法			检验方法及器具
	退火、正火	调　质	淬火、回火	
外观	有无裂纹、烧伤、氧化和变形等	有无裂纹、烧伤、氧化和变形等	有无裂纹、碰伤、腐蚀、氧化皮等	探伤、浸油后喷砂观察渗油，检查裂纹
硬度	按图样或工艺文件规定测定硬度值	按图样或工艺文件规定测定硬度值	按规定部位测定洛氏硬度值，硬度均匀度偏差≤5HRC；中碳钢零件淬火后回火前的硬度应≥规定的上限；重要零件不允许有软点；局部淬火零件淬火区域偏差φ＞50 者±10 mm，φ＜50 者±5 mm	选用各种硬度计及压头测定硬度值；用锉刀法鉴别硬度值范围
变形量	按工艺规定，不得大于加工余量的 1/3 ～1/2	按工艺规定，不得大于加工余量的 1/3 ～1/2	一般轴类零件全长振摆≤留磨量单面的 1/2；套类零件每边不少于 0.1～0.15 mm 留磨量；一般平板类零件挠曲度≤留磨量单面的 2/3；少于工艺规定变形量	通用量具专用样板、量规校直装置、顶尖、V 形铁、平板等辅具
金相组织	碳素工具钢球化率 2～8 级，合金工具钢及轴承钢为 2～5 级，网状碳化物≤3 级；结构钢正火后，均匀的铁素体＋片状珠光体 4～7 级；一般零件不作检验	氮化零件调质后应为均匀的索氏体组织，允许有≤5% 的铁素体	中碳结构钢，马氏体 1～4 级；高碳钢，马氏体≤2 级；一般不检验，工艺有规定者、新产品试制或改变工艺时进行检验	各种金相显微镜万能金相显微镜
力学性能	根据图样、工艺文件要求的项目，例如抗拉、抗压、抗弯、抗疲劳、抗冲击韧性和伸长率等			各种试验机万能试验机

表 3－20　几种常规热处理零件的检测项目(二)

检测项目	热处理方法				检验方法及器具
	表面淬火	渗碳	氮化	碳氮共渗	
外观	检验其表面有无裂纹、烧伤、碰伤、锈蚀、氧化等缺陷				目测或放大镜目测；探伤、浸油后喷砂观察渗油，检查裂纹
硬度	按规定部位测定洛氏硬度值，硬度均匀度偏差≤5HRC；中碳钢零件淬火后回火前的硬度应≥规定的上限；重要零件不允许有软点；局部淬火零件，淬火区域偏差＞ϕ50 者±10 mm，＜ϕ50 者±5 mm	渗碳后不直接淬火还需要加工的零件，其零件硬度HRC≤30	按工艺规定用维氏硬度计测定表面硬度，以载荷 10 kg 为准，脆性≤2 级	按工艺规定用维氏硬度计测定表面硬度，以载荷 10 kg 为准，脆性≤2 级；淬硬后用洛氏硬度计测定 HRA	选用各种硬度计、锉刀等
变形量	轴类零件全长振摆≤留磨量面的 1/2；套类零件每边不少于 0.1～0.15 mm 留磨量；平板类零件挠曲度≤留磨量单面的 2/3；其他零件变形量	按工艺规定，或 小于 1/2 加工余量	氮化零件一般单面留磨量≤0.05 mm	零件一般单面留磨量≤0.05 mm	通用量具专用样板、量规校直装置、顶尖、V 形铁、平板等辅具
金相组织	硬化层深度(50%马氏体)；高频淬火为 1～3 mm；中频淬火为 2～5 mm；火焰淬火为 2～8 mm	渗碳层深度心部晶粒度为5～8级；渗碳层组织为珠光体＋断续或细碳化物(允许有用一般淬火能消除的网状碳化物)	氮化层深度不允许有粗针状马氏体或网状铁素体；边缘尖角处允许有一般性须状、脉状氮化物	检验渗层深度及金相组织	各种金相显微镜，万能金相显微镜
力学性能	根据图样、工艺文件要求的项目，例如抗拉、抗压、抗弯、抗疲劳、抗冲击韧性和伸长率等				各种试验机万能试验机

复习思考题

1. 说出几种热处理零件的质量检验项目。
2. 硬度检验方法有压入法、锉刀法。其中压入法有哪些?
3. 简述洛氏硬度和布氏硬度的区别。

第四节 典型机械零件的检验

一、轴套类零件的检验

(一)轴套类零件的功能和结构特点

轴套类零件是机器中的主要零件之一,它的主要功用是支承传动零件(如齿轮、带轮等)、传递转矩、承受载荷,以及保证装在轴上的零件(包括刀具)具有一定的回转精度。

从轴类零件的结构特征来看,它们都是长度(L)大于直径(d)的旋转体零件。轴类零件结构上具有许多外圆面,以及轴肩、螺纹、键槽、螺纹退刀槽和砂轮越程槽等表面。外圆用于安装轴承、齿轮、带轮等旋转零件;轴肩用于轴上零件和轴本身的轴向定位;螺纹用于安装各种锁紧螺母和高速螺母;螺纹退刀槽供加工螺纹时退刀用;砂轮越程槽则是为了能完整地磨削出外圆和端面;键槽是用来安装键,以传递转矩。

(二)轴套类零件的检测

1. 几何尺寸检测

轴套类零件轴颈表面常为两类:一类是与轴承的内圈配合的外圆轴颈,即支承轴颈,用于确定轴的位置并支承轴;另一类是与各类传动件配合的轴颈,即配合轴颈。轴颈检测时将主轴外圆架在 V 形架上,用外径千分尺十字测量法对主轴颈相互垂直的两个部位进行测量。

一般精度内径尺寸的检测可以用光滑塞规检验。检验时应停止零件转动,擦净零件内孔表面和塞规表面,手握塞规柄部,并使塞规中心线与零件中心线一致,然后将塞规轻轻推入零件孔中。若塞规的通端通过,止端不过,则表示内径尺寸合格。

高精度内径检测通常用内径百分表和内径千分表来测量高精度内径尺寸。测量时应把量具放正,不能歪斜,要注意松紧适度,并要在几个方向上检测。高精度的内孔尺寸也可以用三坐标测量仪测量。

需要注意:不要在零件温度很高时就进行测量,否则会由于热胀冷缩而使孔径尺寸不符合要求,最好是测量前将零件放置在有空调或恒温的地方,过几个小时后再测量。

2. 几何形状检测

轴套类零件的几何形状精度主要指轴颈表面、外圆锥面、锥孔等重要表面的圆度、圆柱度等，其误差一般应限制在尺寸公差范围内。对于精度要求较高的精密轴，需在零件图上另行规定其几何形状精度。

圆度误差和圆柱度误差检测：如图 3 - 22 所示，用外径千分尺先在油孔两侧测量，然后旋转 90° 再测量（应在同一截面内），同一截面上最大直径与最小直径之差的 1/2 为圆度误差；轴颈各部位测得的最大与最小直径差的 1/2 为圆柱度误差。

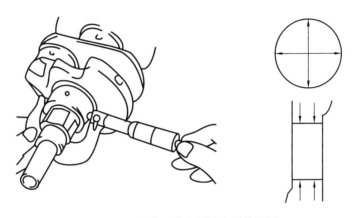

图 3 - 22　圆度误差和圆柱度误差检测

3. 相互位置精度

轴类零件的位置精度要求主要是由轴在机械中的位置和功用决定的。通常轴类零件中的配合轴颈对于支承轴颈的同轴度，是其相互位置精度的普遍要求。此外，相互位置精度还有内、外圆柱面间的同轴度，轴向定位端面与轴心线的垂直度要求等。如果相互位置精度不符合要求，会影响传动件（齿轮等）的传动精度，并产生噪声等。套类零件的位置精度要求，主要有内、外圆之间的同轴度和端面与孔的垂直度，要求的高低应根据套类零件在机器中的功用和要求而定。

（1）同轴度误差检验

套类零件的同轴度误差，一般可以通过测量径向圆跳动量来确定。检测同轴度误差时，可以将零件套在心轴上，然后连同心轴一起安装在两顶尖间，当零件转一周时，百分表读数的变动值就等于径向圆跳动量。同轴度也可用测量管壁厚度的管壁外径千分尺来检验，这种千分尺与普通的外径千分尺相似，所不同的是它的砧座为一凸圆弧面，能与内孔的凹圆弧面很好地接触。检验时测量零件各个方向上壁厚是否相等，就可以评定它的同轴度。如图 3 - 23 所示。

（2）端面与轴线的垂直度检验

零件端面与轴线的垂直度，通常用轴向圆跳动量来评定。如果检验同轴度时，是将零件套在心轴上，那么这时只要把百分表放在端面上，就可以测量零件轴向圆跳动量。

4. 表面粗糙度

轴的加工表面都有表面粗糙度的要求，一般应根据加工的可能性和经济性来确定。通

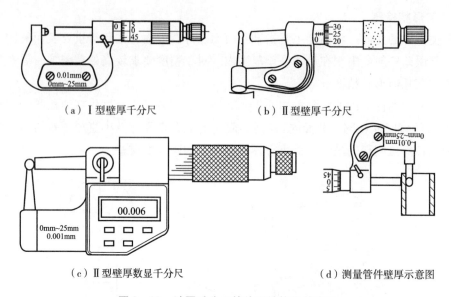

（a）Ⅰ型壁厚千分尺   （b）Ⅱ型壁厚千分尺

（c）Ⅱ型壁厚数显千分尺   （d）测量管件壁厚示意图

图 3 - 23 壁厚千分尺的外形结构及其应用

常，与轴承相配合的支承轴颈的表面粗糙度为 $Ra\,1.6 \sim 0.2\,\mu m$，与传动件相配合的轴颈表面粗糙度相对偏差为 $Ra\,3.2 \sim 0.4\,\mu m$。

精密套筒及阀套的内孔对表面粗糙度要求较高，Ra 一般为 $2.5 \sim 0.16\,\mu m$。

5. 其他

热处理、倒角、倒棱及外观修饰等要求。

（三）轴套类零件检验训练实例

1. 液压筒零件图

如图 3 - 24 所示。

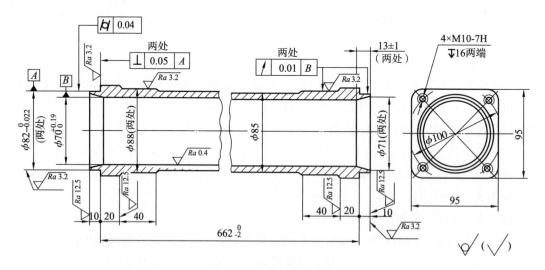

图 3 - 24 液压筒零件图

2. 精度分析

（1）几何尺寸

基准 A：$\phi 82^{0}_{-0.022}$ mm（两处），公差等级为 IT6 级；

基准 B：$\phi 70^{+0.19}_{0}$ mm，公差等级为 IT11 级；

$\phi 62^{0}_{-2}$ mm，公差等级为 IT14 级；

其他未注公差尺寸八处，按照 GB/T 1804 对应尺寸中等级查表可知其公差值。

表面粗糙度值：内孔为 Ra 0.4 μm，精度最高，为珩磨加工；基准 A 处为 Ra 3.2 μm；垂直度误差被测量面为 Ra 3.2 μm；斜面为 Ra 12.5 μm；ϕ 88 mm（两处）为 Ra 3.2 μm。

（2）几何公差

$\phi 70^{+0.19}_{0}$ mm，内圆圆柱度公差为 0.04 mm。

以 B 为基准，$\phi 88$ mm 外圆（两处）径向圆跳动公差值为 0.01 mm，$\phi 82^{0}_{-0.022}$ mm 外圆（两处）径向圆跳动公差值为 0.01 mm。

以 A 为基准，测量 95 mm×95 mm（法兰）左、右端面各一处垂直度误差，公差值为 0.05 mm。

3. 检测量具和辅具

外径千分尺、内径百分表、V 形架、千分表和表架、游标高度卡尺、游标卡尺、检验平板、标准心轴（标准圆柱）等。

4. 零件检测

（1）几何尺寸

$\phi 82^{0}_{-0.022}$ mm（两处）、$\phi 88$ mm 外圆（两处），用 75～100 mm 外径千分尺直接测量得到；$\phi 70^{+0.19}_{0}$ mm 虽然精度不高，可以用游标卡尺直接测量，但是比较深，需要用加长杆的内径百分表直接测量几个截面，并且记录测量结果；$\phi 62^{0}_{-2}$ mm 可以用 1 000 mm 的钢直尺或 1 000 mm 的游标卡尺直接测量得到；轴向尺寸可以用游标高度卡尺和游标卡尺测量得到。

（2）几何误差

①$\phi 70^{+0.19}_{0}$ mm 内圆圆柱度误差检测

——用内径百分表测量圆柱度误差

由于该零件内孔较深，用内测千分尺或游标卡尺只能测量两端口部直径尺寸，不能完全反映孔径的圆柱度误差；由于该零件为铸铁件，壁厚达到 7.5 mm，可以用内径百分表进行测量。液压筒零件孔径的圆柱度公差为 0.04 mm，精度要求不高时，用内径百分表在孔径的各个截面不同圆周上测量，如上所述测量记录得到几个截面尺寸，将其中最大值与最小值差值的一半作为整个孔径长度上的圆柱度误差。

该方法适用于测量椭圆形误差。

——用圆度仪或圆柱度仪测量圆柱度误差

如果不是椭圆形内孔，可以采用圆度仪或圆柱度仪测量孔的圆柱度误差。图 3－25、图 3－26 所示分别为圆度仪和圆柱度仪外形图。

图 3-25　圆度仪实物

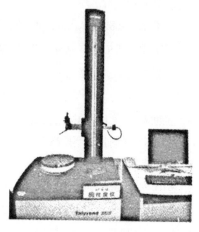

图 3-26　圆柱度仪实物

　　圆度仪的测量原理是利用点的回转形成的基准圆与被测实际圆轮廓相比较而评定其圆度误差值。测量时，仪器测头与被测零件表面接触并做相对匀速转动，测头沿被测零件表面的正截面轮廓线划过，通过传感器将实际圆轮廓线相对于回转中心的半径变化量转变为电信号，经放大和滤波后自动记录下来，获得轮廓误差的放大图形，就可按放大图形来评定圆度误差；也可由仪器附带的电子计算装置运算，将圆度误差值直接显示并打印出来。圆度仪的测量示意图如图 3-27 所示(图示为测量外圆圆度误差)，内孔圆度误差测量原理与此相似。

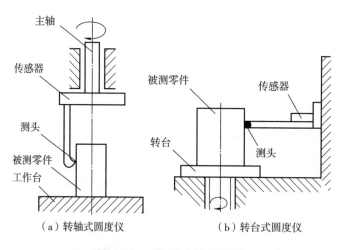

（a）转轴式圆度仪　　　　　　　（b）转台式圆度仪

图 3-27　圆度仪测量示意图

　　用半径测量法测圆度时，常用的测量仪器是圆度仪。该种仪器有两种类型：一种为转轴式圆度仪，另一种为转台式圆度仪。

　　图 3-27(a)所示为转轴式圆度仪测量示意图。用该种仪器测量时，测量过程中被测零件固定不动，仪器的主轴带着传感器和测头一起回转。假设仪器主轴回转一周，则仪器

测头端点所形成的轨迹为一个圆。当测头与被测零件的某一横向截面轮廓相接触时，随着轮廓半径的变化，在主轴回转中测头做径向变动，传感器获得的信息即为实际轮廓的半径变动量。如果将上述测量过程看做一种在极坐标测量系统中的检测过程，则传感器获得的信息即是实际轮廓向量半径的变化量。该种仪器工作时被测零件被固定于工作台上不动，故可以测量直径较大的零件。

图3-27(b)所示为转台式圆度仪测量示意图。该种仪器工作时，传感器和测头的位置固定不动，而被测零件放置于回转工作台上，随工作台一起回转。测量中的理想圆可假设为回转工作台上某点绕轴线回转所形成的轨迹。当仪器的测头与被测零件的某一横向截面轮廓相接触后，轮廓在回转过程中使传感器获得的信息，即是被测实际轮廓的半径变化量。同理，用该种仪器测量，也相当于在极坐标系统中检测圆度误差。转台式圆度仪常制作成结构小巧的台式仪器，工作过程中被测零件随工作台一起回转，受工作台承载能力的限制，该类仪器常用于检测小型零件。

圆柱度误差可以用圆柱度仪直接测量计算得到。圆柱度仪的测量也是利用回转原理。用图3-26所示圆柱度仪测量圆柱度误差时，测头在被测圆柱(内圆柱)上做不间断的螺旋运动，测头的轨迹直接传递给计算机，使其绘制出半径的变化量及圆柱的轨迹，通过计算机计算出圆柱度误差值。

如果需要测量外圆圆度误差，还可以利用光学分度头或分度台进行测量。此方法是将被测零件放置在设定的直角坐标系或极坐标系中，测量被测零件横向截面轮廓上各点的坐标值，然后按要求，用相应的方法来评定圆度误差。

——用光学分度头测圆度误差

在极坐标系中测量圆度误差，需要有精密回转的分度装置(如分度台或分度头)结合指示表进行测量。图3-28所示即为用光学分度头测量圆度误差的示意图。

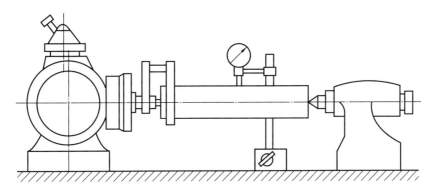

图3-28　用光学分度头测圆度误差

测量时，将被测零件装在光学分度头附带的顶尖之间，指示表固定不动，在起始位置将指示表指针调零位(起始点的读数为零)，按等分角旋转分度头，每转一个等分角即可从指示表上读取一个数值，该数值即为该点相对于参考圆半径的变化量。根据参考圆的半径将所得数值按一定比例放大后，标在极坐标纸上，就可绘制出轮廓误差曲线，根据该曲线即可评定圆度误差。按上述方法测量若干截面，取其中最大的误差值作为该零件的圆度误差。

可以采用对某一零件的横向截面轮廓按30°等分角测得各点相对于测量时参考圆的半径变化量的计算方法得到圆度误差（见表3-21），作图过程是：先取一适当的参考圆半径 R_0，将 ΔR 以适当的倍率放大后在极坐标系中顺次逐一描点连线，即可得到圆度误差曲线图。如图3-29所示。

表3-21　坐标值法测圆度误差的数值

测点顺序	1	2	3	4	5	6	7	8	9	10	11	12
间隔	30°	60°	90°	120°	150°	180°	210°	240°	270°	300°	330°	360°
半径变化量 $\Delta R/\mu m$	0	-2	-4	-6	-2	+2	+3	-2	-3	+4	+2	-2

在直角坐标系中测量圆度误差，应在坐标测量装置（如坐标测量机）或带电子计算机的测量显微镜上进行，测量同一截面轮廓上采样点的直角坐标值 $M_i(x_i, y_i)$。如图3-30所示。然后由计算机评估圆度误差。按上述方法测量若干截面，取其中最大的误差值作为该零件的圆度误差。

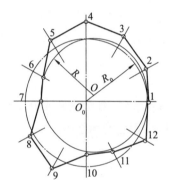

图3-29　圆度误差曲线

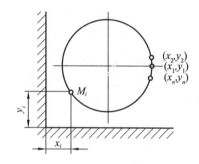

图3-30　直角坐标法测量圆度误差

② $\phi82_{-0.022}^{0}$ mm（两处）、$\phi88$ mm 外圆（两处）分别以 A、B 为基准的径向跳动误差的检测

对基准 B 径向圆跳动误差进行检测，一般采用模拟基准的方法：一种方法是以心轴定位（顶尖孔以及前后顶尖的检验平台）模拟 $\phi70_{0}^{+0.19}$ mm 圆柱基准。本例 $\phi71$ mm 与 $\phi70$ mm 形成的锥，可以用前后顶尖在此锥两处顶住模拟 B 基准测量 $\phi82_{-0.022}^{0}$ mm 外圆和 $\phi88$ mm 外圆（两处）的径向圆跳动误差。另一种方法是用圆度仪或圆柱度仪进行测量。

对基准 A 径向圆跳动误差进行检测，一般采用模拟基准的方法：一种方法是以 V 形架模拟 $\phi82_{-0.022}^{0}$ mm 外圆基准；将外圆放置在 V 形槽滚轮架上（V 形槽两槽面上分别垂直固定滚轮，滚轮支承外圆柱面）模拟基准轴线，如果内孔两端为内螺纹，无法用锥形顶尖模拟内孔基准，可以将内螺纹作为基准。内螺纹作基准，需要定做标准的螺纹样柱——检测螺纹样柱，在检测内外圆柱的径向圆跳动误差时，可以互为基准进行测量。如图3-31

所示。另一种方法是用圆度仪或圆柱度仪进行测量。

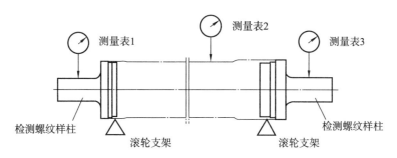

图 3-31　V 形槽滚轮架测量径向圆跳动误差

③95 mm×95 mm（法兰盘）左右端面对 $\phi 82_{-0.022}^{0}$ mm 外圆基准的垂直度误差的检测

使用的量具和辅具主要有：检验用平板、等高 V 形架一对、直角尺、塞尺（塞规）一套、百分表及表架、方箱等。

测量方法：应该将 $\phi 82_{-0.022}^{0}$ mm 外圆分别放置在 V 形架的 V 形槽内，V 形架作为 $\phi 82_{-0.022}^{0}$ mm 外圆模拟基准，但是由此造成无法用直角尺进行检测，故改由 $\phi 88$ mm 外圆作为模拟基准进行测量，因为 $\phi 82_{-0.022}^{0}$ mm 外圆和 $\phi 88$ mm 外圆是以相同的装夹一次加工完成的，测量垂直度误差时基准可以代用（互换），不会产生多大的误差。测量方法如图 3-32 所示，将 $\phi 88$ mm 外圆分别放置在 V 形架的 V 形槽内，并放置在检验平板上，将直角尺底座放在平板上，直角尺靠近法兰被测端面，查看端面与直角尺的最大缝隙，通过塞塞尺，得到塞尺的值，并可计算得到垂直度误差值。

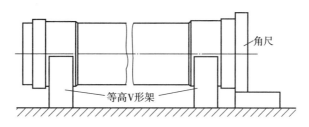

图 3-32　垂直度误差的检测示意图

（3）表面粗糙度检测

一般采用目测和手摸的方法进行检测。本例零件表面粗糙度精度最高的是 $\phi 70_{0}^{+0.19}$ mm 内圆柱面，该表面是采用珩磨加工的，应使用磨削粗糙度样块对比检测，图 3-33 所示为外圆磨削后的检测示意图。同理可以检测内圆磨削面，因为孔深，以两端内孔进行检测。

5. 内径百分表使用过程中的误差分析

使用前先用标准环规、外径千分尺或量块及量块附件组合尺寸来调整百分表零位。对好"0"位的内径表，不得松动锁定螺母，以防"0"位变化。如果"0"位变化，就会产生误差。

测量时的情况如图 3-34 所示，对于孔径在径向找最大值，轴向找最小值；对带定位护桥的内径百分表只需在轴向找到最小值即可。测量两平行平面间的距离时，应在上下左右方向上都找最小值。被测尺寸应等于调整尺寸与百分表示值的代数和。须指出，内径百分表顺时针方向转动为"负"，逆时针方向转动为"正"，这与百分表读数正好相反。

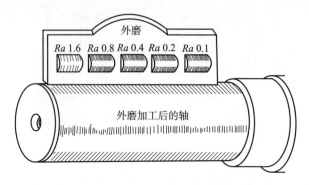

图 3-33　用视觉法检验磨削零件的表面粗糙度值

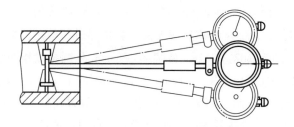

图 3-34　内径百分表测量时的情况

最大(小)值反映在指示表上为左(右)拐点。找拐点的方法是摆动或转动直杆使测头摆动。当指针在顺时针方向达到最大时，即量杆压缩最多时，才是孔径的实际尺寸。若找好拐点后指针正好指零，则说明孔的实际尺寸与测量前内径百分表在标准环规或其他量具上所对尺寸相等。若指针差一格不到零位，则说明孔径比标准环规大 0.01 mm；若指针超过零位一格，则说明孔径比标准环规小 0.01 mm。如果对拐点判断错误(大小)，就会产生读数误差。

二、轮盘类零件的检验

(一)轮盘类零件的功能和结构特点

轮盘类零件包括手轮、飞轮、凸轮、带轮、齿轮(单独讲解)等，其主要功能是传递运动和动力。

轮盘类零件的主体部分多为轴向尺寸较小的回转体，如图 3-35 所示。轮盘类零件常具有轮辐或辐板、轮毂和轮缘。轮毂多为带键槽或花键的圆孔，手轮的轮毂多为方孔。轮辐多沿垂直于轮毂轴线方向径向辐射至轮缘，而手轮的轮辐常与轮毂轴线倾斜一定的角度，径向辐射至轮缘。轮辐的剖面形状有矩形、圆形、扁圆形等各种结构形式。辐板上常有圆周均布的圆形、扇形或三角形的镂空结构，以减小轮盘的质量。轮缘的结构形状取决于轮的功能，如齿轮的轮缘为各种形状的轮齿，带轮的轮缘为各种形状的轮槽，手轮的轮缘形状多为圆形。

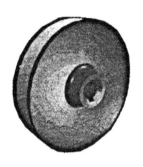

图 3 - 35　典型的轮盘类零件

（二）轮盘类零件的检测

1. 几何尺寸的检测

（1）轮盘类零件的内孔一般用百分表、千分表测量；对于批量较大的零件，内孔可用光滑塞规检测。

（2）外圆用千分尺或专用量具测量。

2. 平面度误差的测量

平面是由直线组成的，因此直线度误差测量中的直尺法、光学准直法、光学自准直法、重力法等也适用于测量平面度误差。测量平面度误差时，先测出若干截面的直线度误差，再把各测点的量值按平面度公差带定义用图解法或计算法进行数据处理，即可得出平面度误差；也有利用光波干涉法和平板涂色法测量平面度误差的。

3. 圆柱度误差、圆度误差的测量

（1）圆柱度误差的测量

圆柱度是圆柱体圆度和素线直线度的综合。圆柱度误差测量一般是在圆度仪上进行的。测量时，长度传感器的测头沿精密直线导轨测量被测圆柱体的若干横截面，也可沿被测圆柱面做螺旋运动取样。根据测得的半径差由电子计算机按最小条件确定圆柱度误差。在配有电子计算机和相应程序的三坐标测量机上利用坐标法也可测量圆柱度。测量时，长度传感器的测头沿被测圆柱体的横截面测出若干（取样）点的坐标值 (x, y)，并按需要测量若干横截面，然后由电子计算机按最小条件确定圆柱度误差。此外，还可利用 V 形架和平板（带有径向定位用直角座）等分别测量具有奇数棱边和偶数棱边的圆柱体的形状误差，但这时 V 形架和平板的长度应大于被测圆柱体的全长。测量时，被测圆柱体在 V 形架内或带直角座的平板上回转一周，从测微仪读出一个横截面中最大和最小的示值，按需要测量若干横截面，然后取从各截面读得的所有示值中最大与最小示值差之半，作为被测圆柱体的圆柱度误差。

（2）圆度误差的测量

圆度误差的测量有回转轴法、三点法等。

①回转轴法：利用精密轴系中的轴回转一周所形成的圆轨迹（理想圆）与被测圆比较，两圆半径上的差值由电子式长度传感器转换为电信号，经电路处理和电子计算机计算后由显示仪表指示出圆度误差，或由记录仪记录出被测圆轮廓图形。回转轴法有传感器回转和工作台回转两种形式。前者适用于高精度圆度测量，后者常用于测量小型工件。按回转轴法设计的圆度测量工具称为圆度仪。

②三点法：常将被测工件置于 V 形架上进行测量。测量时，使被测工件在 V 形架上回转一周，从测微仪读出最大示值和最小示值，两示值差之半即为被测工件的圆度误差。

（三）轮盘类零件检验训练实例

1. 图样

图 3 - 36 为法兰零件的尺寸图。

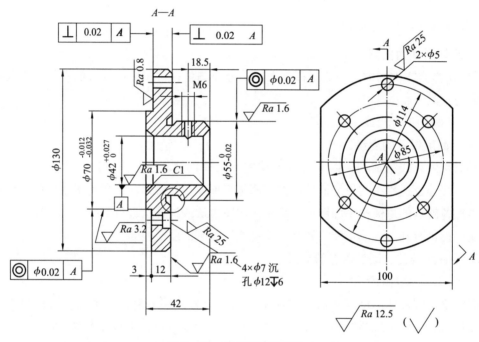

图 3 - 36　法兰零件形状尺寸

2. 零件形状尺寸精度分析

（1）几何尺寸

①基准孔

$\phi 42_{\ 0}^{+0.027}$ mm 孔的精度在标准公差 IT7 – IT8 级之间，比较接近 IT7 级精度。

②外止口结构和配合定位面

零件图中尺寸为 $\phi 70_{-0.032}^{-0.012}$ mm 的短外圆面为一外止口结构，其最大极限尺寸为 $\phi 69.988$ mm，最小极限尺寸为 $\phi 69.968$ mm，公差是 0.020 mm，其精度是非标准精度，在标准公差在 IT6 – IT7 级之间；长外圆面尺寸为 $\phi 55_{-0.020}^{\ 0}$ mm，此圆柱面为一有配合要求的定位面，其精度在标准公差 IT6 – IT7 级之间。

（2）几何公差

①同轴度公差

$\phi 70^{-0.012}_{-0.032}$ mm 的止口轴线以孔 $\phi 42^{+0.027}_{0}$ mm 轴线为基准的同轴度公差要求为 $\phi 0.02$ mm；以 $\phi 42^{+0.027}_{0}$ mm 孔轴线为基准，$\phi 55^{0}_{-0.020}$ mm 圆柱的同轴度公差要求为 $\phi 0.02$ mm，精度等级在 IT6 - IT7 之间。

②垂直度公差

两被测端面相对于 $\phi 42^{+0.027}_{0}$ mm 孔轴线（基准轴线）的垂直度公差为 0.02 mm，其精度为 IT5 级。

（3）表面粗糙度要求

$\phi 42^{+0.027}_{0}$ mm 孔的表面粗糙度值为 Ra 1.6 μm；$\phi 55^{0}_{-0.020}$ mm 圆柱面为一有配合要求的定位面，该圆柱面的表面粗糙度值为 Ra 1.6 μm；$\phi 70^{-0.012}_{-0.032}$ mm 的短外圆，该圆柱面的表面粗糙度值为 Ra 3.2 μm。

（4）特殊要求或重点、难点

该零件相对比较简单，用常规检测方法就能完成，没有特别的难度，唯一应注意的就是零件比较短，检测几何误差时应注意。

3. 检测量具（辅具）

（1）量具：量程为 50～75 mm 的公法线千分尺，量程为 50～75 mm 的外径千分尺，量程为 35～50 mm 的内径千分表，0～150 mm 的游标卡尺。

（2）辅具：$\phi 42$ mm 心轴、成对等高的 V 形架、0 级 90° 角尺、塞尺、检验平板、方箱、$\phi 10$ mm 左右的钢球、杠杆千分表、磁力表架及润滑脂（粘一只钢球到方箱工作面）等。

4. 零件检测

（1）几何尺寸测量

①尺寸误差的检测由于尺寸为 $\phi 70^{-0.012}_{-0.032}$ mm 的外止口轴向尺寸很短，一般的外径千分尺测头无法接触到该被测面，可用量程为 50～75 mm 的公法线千分尺直接测量得到。使用这种千分尺测量这种精度的尺寸仍需有较高的操作技能。也可以用 6 等量块组合出该尺寸的最大极限尺寸和最小极限尺寸，用量块夹持器夹持作为通规和止规来检测工件，只能判断合格与否，不能给出实际值。

②尺寸为 $\phi 55^{0}_{-0.020}$ mm 的圆柱面可直接使用量程为 50～75 mm 的千分尺进行检测。

③直径为 $\phi 42^{+0.027}_{0}$ mm 的内孔实际偏差的检测可使用量程为 35～50 mm 的内径千分表进行，检测前同样应对此内径千分表进行校对。

④其他几何形体上未注公差的尺寸，均可用游标卡尺进行测量、检验。

（2）几何公差测量

①同轴度误差的检测

实际上在大多数工作现场的检测是按检测径向圆跳动误差的检验方法进行的。检测前，将一尺寸为 $\phi 42$ mm 的标准心轴插到零件的 $\phi 42^{+0.027}_{0}$ mm 孔中，用以模拟基准轴线 A，心轴安装好后，工件应位于它的中部；再将心轴两端部的圆柱面支承于一对放置在检验平板上且等高的 V 形架上。检测时，将心轴一端通过钢球顶靠在一个固定物（如方箱）上，测量时采用的仪器是安装在磁力表架上的杠杆千分表。磁力表架一般需吸合在检验平板上，调整表架的关节使杠杆千分表的测头与被测圆柱面接触。千分表测头与工件被测圆柱面要有一定的预压量（一般预压量应使表针转 0.5 圈左右），并且一般要求千分表测头此刻的运动方向应大致沿着接触点处被测面的法线方向（即应大致垂直于被测面），然后用手向固定物方向轻轻顶着工件并缓慢转动工件，观察杠杆千分表指针的摆动范围，记录下其指针最大的摆动范围（即最大读数减去最小读数）。此数值只要不超过图样上标注出的公差值，即可断定此件工件该项同轴度误差合格。两处同轴度误差均可用此方法检测。如图 3 - 37 所示。

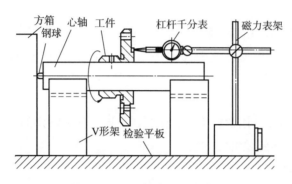

图 3 - 37   同轴度误差的检测

②两端面垂直度误差的检测

测量前，将一尺寸为 $\phi42$ mm 的标准心轴插到零件 $\phi42^{+0.027}_{0}$ mm 孔中，用以模拟基准轴线 A，心轴安装好后，工件应位于它的中部；再将心轴两端部的圆柱面支承于一对放置在检验平板上且等高的 V 形架上。测量时将一 0 级 90°角尺放置在检验平板上，它的底座工作面与检验平板工作面接触，垂直的直角尺测量面与工件被测端面接触（图 3 - 38），目测两者之间存在的缝隙透出的光色并结合塞尺进行检测，若厚度为 0.02 mm 的塞尺塞不到此缝隙中，说明缝隙宽度小于 0.02 mm，工件被测端面的垂直度误差合格。

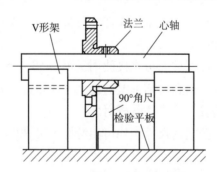

图 3 - 38   两端面垂直度误差的检测

③表面粗糙度测量

$\phi42^{+0.027}_{0}$ mm 孔的表面粗糙度值、$\phi55^{0}_{-0.020}$ mm 圆柱面的表面粗糙度值和 $\phi70^{-0.012}_{-0.032}$ mm 的短外圆的表面粗糙度值通过目测直接得到测量值。

④特殊要求或重点、难点检测

该法兰零件相对比较简单，测量基本上没有什么难度。几何误差测量前，应将心轴无间隙地插入基准孔中，模拟孔轴基准。

5. 误差分析

测量误差存在于人、机、料、法、环、测诸因素中，特别是该零件几何误差测量时应该避免。应将心轴无间隙地插入基准孔中，模拟孔轴基准。如果有间隙存在，势必造成测量误差；同轴度检测过程中，旋转心轴（或零件）时不允许轴向窜动，否则会形成误差，即不是同一个截面的测量值，与同轴度误差测量定义不一致，测出结果，不是所要求的误差值。

三、箱体类零件的检验

（一）箱体类零件的功能和结构特点

箱体类零件是机器或部件的基础零件，它将机器或部件中的轴、套、齿轮等有关零件组装成一个整体，使它们之间保持正确的相互位置，并按照一定的传动关系协调地传递运动或动力。因此，箱体类零件的加工质量将直接影响机器或部件的精度、性能和寿命。

常见的箱体类零件有：机床主轴箱、机床进给箱、变速箱体、减速箱体、发动机缸体和机座等。箱体类零件的结构形式虽然多种多样，但仍有共同的主要特点：形状复杂，壁薄且不均匀，内部呈腔形，加工部位多，加工难度大，既有精度要求较高的孔系和平面，也有许多精度要求较低的紧固孔。因此，一般中型机床制造厂用于箱体类零件的机械加工劳动量约占整个产品加工量的 15%～20%。

（二）箱体类零件的检测

箱体类零件的主要技术要求为：孔的尺寸、形状精度要求；孔的相互位置精度要求；箱体主要平面的精度要求。

箱体类零件加工完成后的最终检验包括：主要孔的尺寸精度，孔和平面的形状精度，孔系的相互位置精度（即孔的轴线与基面的平行度）；孔轴线的相互平行度及垂直度；孔的同轴度及孔距尺寸精度；主轴孔轴线与端面的垂直度。

1. 孔的尺寸、形状误差测量

箱体零件上孔的尺寸精度和几何形状精度要求较高。一般来说，主轴轴承孔的尺寸精度为 IT6，形状误差小于孔径公差的 1/2，表面粗糙度 Ra 值为 1.6～0.8 μm，其他孔的尺寸精度为 IT7，形状误差小于孔径公差的 1/3～1/2，表面粗糙度 Ra 值为 0.8～1.6 μm。

在单件、小批量生产中，孔的尺寸精度可用内径指示表、游标卡尺、千分尺检测，或通过使用内卡钳配合外径千分尺检测。在大批大量生产中，可用塞规检测孔的尺寸精度。

用内径指示表检测孔。测量时必须摆动内径指示表，指示表的最小读数即为被测孔的实际尺寸。

孔的几何精度（表面的圆度、圆柱度误差）也可用内径指示表检测。测量孔的圆度时，只要在孔径圆周上变换方向，比较其半径差即可。测量孔的圆柱度误差时，只要在孔的全长上取前、后、中几点，比较其测量值，其最大值与最小值之差的 1/2 即为全长上的圆柱度误差。

2. 孔位置尺寸的测量

（1）孔的坐标位置

孔轴线到基准面的距离常借助检验平板、等高垫块，用游标高度卡尺或量块和指示表进行测量。

如图 3－39 所示，当被测孔径较小时，可在被测孔上插入心轴。测量时，在检验平板上先测出心轴上素线在垂直方向上的高度，再减去等高垫块的厚度和心轴半径，即可得出孔轴线在 y 方向到基准面的距离 y_1；然后将箱体翻转 90°，用同样的方法进行测量，并计算出孔轴线在 x 方向上到基准面的距离 x_1。$(x_1，y_1)$ 即为该孔的坐标位置。

当被测孔径较大时（图 3－39），可在表架上装上杠杆指示表，借助量块测量出孔的下素线到基准面的距离后加上孔的半径即可得出孔轴线到基准面的距离 H。

（2）两孔间的距离

①用检验棒检测孔距

如图 3－40 所示，首先在两组孔内分别推入与孔径尺寸相对应的检验棒，然后用游标卡尺或千分尺分别测量检验棒两端的尺寸 L_1 和 L_2。若检验棒直径分别为 d_1 和 d_2，则两孔中心距离为

$$A = \frac{L_1 + L_2}{2} - \frac{d_1 + d_2}{2}$$

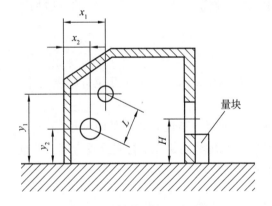

图 3－39　孔的位置尺寸测量

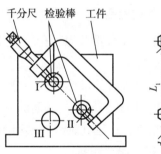

图 3－40　用检验棒检测孔距

②直接检测孔距

如图 3－41 所示，在同一平面上的两孔的中心距 L 还可直接用游标卡尺或内测千分尺的内量爪测出孔壁间的最大距离 A，通过下式计算得出：

$$L = A - \frac{D_1}{2} - \frac{D_2}{2}$$

或者用游标卡尺直接测出孔壁间最小距离 B，通过下式计算得出：

$$L = B + \frac{D_1}{2} + \frac{D_2}{2}$$

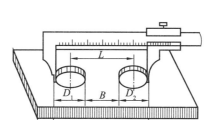

图 3 - 41　测量两孔中心距

③计算法

如图 3 - 39 所示，先测出两孔的坐标位置 (x_1, y_1) 和 (x_2, y_2)，用这些数据还可以计算出两孔间的中心距 L，即

$$L = \sqrt{(x_1 - x_2)^2 + (y_1 - y_2)^2}$$

3. 孔的位置公差测量

(1)同轴孔系同轴度的测量

①用检验棒检测同轴度误差

用检验棒检测的方法大多用在大批量生产中。检测孔的精度要求高时，可用专用检验棒。若检验精度要求较低，则可用通用检验棒配外径不同的检验套检验，如图 3 - 42 所示。如果检验棒能顺利通过同一轴线上的两个以上的孔，则说明这些孔的同轴度误差在规定的允许范围内。

②用检验棒和千分表检验同轴度误差

如图 3 - 43 所示，先在箱体两端基准孔中压入专用的检验套，再将标准的检验棒推入两端检验套中，然后将千分表固定在检验棒上，校准千分表的零位，使千分表测头伸入被测孔内。检测时，先从一端转动检验棒，记下千分表转一圈后的读数差，再按此方法检测孔的另一端，其检测结果中哪一个横剖面内的读数差最大则为同轴度误差。

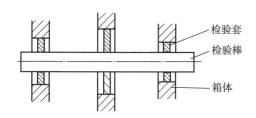

图 3 - 42　通用检验棒配专用检验套

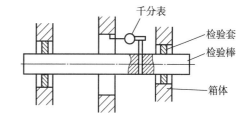

图 3 - 43　用检验棒和千分表检验同轴度误差

③用杠杆指示表检测同轴度误差

如图 3 - 44 所示，先在其中一基准孔中装入衬套，再将标准的检验棒推入检验套中，然后在检验棒靠近被测孔的一端吸附一杠杆指示表，指示测头与被测孔壁接触并产生约 0.5 mm 的压缩量，转动检验棒，观察表针摆动范围，表头读数即为被测孔相对于基准孔的同轴度误差。

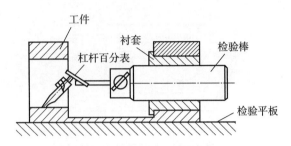

图 3-44 用杠杆指示表检测同轴度

④用指示表和检验棒检测同轴度误差

如图 3-45 所示，将检验棒插入孔内，并与孔成无间隙配合，调整被测零件使其基准轴线与检验平板平行。在靠近被测孔端 A、B 两点测量，并求出该两点分别与高度 $(L + d_2/2)$ 的差值 f_{Ax} 和 f_{Bx}。然后把被测零件翻转 $90°$，按上述方法测量取 f_{Ay} 和 f_{By} 的值。测得 A、B 点处同轴度误差为：

$$f_A = 2\sqrt{f_{Ax}^2 + f_{Ay}^2}$$

$$f_B = 2\sqrt{f_{Bx}^2 + f_{By}^2}$$

取其中较大值作为该被测要素的同轴度误差。

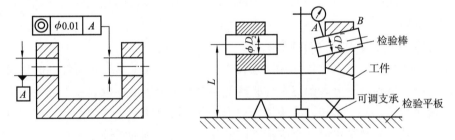

图 3-45 用指示表和检验棒检测同轴度误差

⑤用综合量规检测同轴度误差

如图 3-46 所示，量规的直径为孔的实效尺寸。检测时若综合量规能通过工件的孔，则认为工件的同轴度合格，否则就不合格。

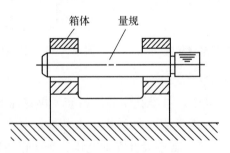

图 3-46 用综合量规检测同轴度误差

（2）孔的平行度的测量

①平行孔系间平行度的测量

——用百分表和检验棒检测孔与孔中心线的平行度误差

如图 3－47 所示，检测箱体两孔在中心线时，用千斤顶将箱体支承在检验平板上，将基准孔 A 与检验平板找平，然后在被测孔给定长度上进行检测。

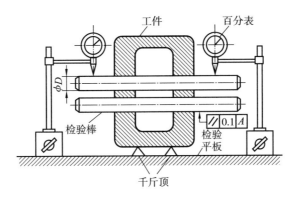

图 3－47　平行度误差检测

检测另一方向或任意方向的平行度误差时，可将箱体转 90°之后再找平基准孔 A，测得另一方向上的平行度误差，再计算平行度误差。

$$f = 2\sqrt{f_x^2 + f_y^2}$$

——用千分尺和游标卡尺检测与孔中心线的平行度误差

如图 3－48 所示，将检验棒分别推入两孔中，用千分尺或游标卡尺检测出两端的孔距 L_1 和 L_2，其差值即是在被测长度上的平行度误差值。

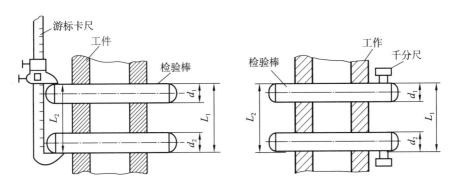

图 3－48　用千分尺和游标卡尺检测平行度误差

②孔中心线对装配基准面的平行度误差检测

如图 3－49 所示，检测孔的中心线对底面的平行度误差时，将零件的底面放在检验平板上，向被测孔内推入检验棒。如果未明确检测长度，则在孔的全长上测量并分别记下指示表的最大读数和最小读数，其差值即为平行度误差。

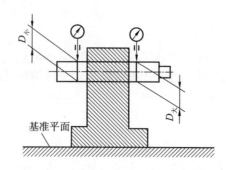

图 3-49　孔中心线对装配基准面的平行度误差检测

（3）孔中心线间垂直度测量

①用直角尺和千分表检测孔的中心线间垂直度误差

如图 3-50 所示，将检验棒 1 和 2 分别推入孔内，箱体用三个千斤顶支承并放在检验平板上，利用直角尺调整基准孔的轴线至垂直于检验平板，然后用指示表在给定长度 L 上对被测孔进行检测，指示表读数的最大差值即为被测孔对基准孔的垂直度误差。若实际检测长度 L_1 不等于给定长度 L，则垂直度误差为

$$f = f_1 L / L_1$$

式中：f——垂直度误差；

f_1——L_1 上实际测得的垂直度误差。

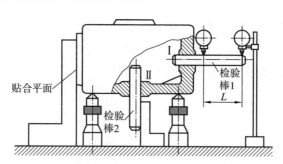

图 3-50　用直角尺和指示表检测孔的垂直度误差

用同样的方法，可使直角尺与平面贴合，测出孔 1（推入检验棒 1 的孔）对贴合平面在给定长度内的垂直度误差。

②用指示表检测孔中心轴线的垂直度误差

如图 3-51 所示，在检验棒上安装指示表，然后将检验棒旋转 180°，即可测量出在给定长度 L 上的垂直度误差。

③用直角尺和指示表检测孔中心线对孔端面的垂直度误差

如图 3-52 所示，在平台上将零件的底面支承起来，用直角尺靠在基准平面上，调整支承使直角尺紧贴基准平面，使基准平面与检验平板垂直，然后在被测孔中推入检验棒，在给定一个方向检测时，用指示表在给定长度上进行检测，指示表的读数差即为孔对端面的垂直度误差。

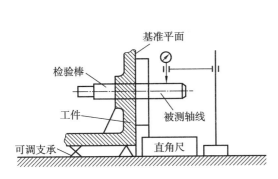

图 3 - 51 用指示表检测孔的垂直度误差

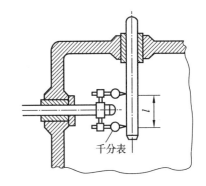

图 3 - 52 用直角尺和指示表检测垂直度误差

在给定两个方向上检测时，将零件翻转 90°，用直角尺调整可调支承并将基准平面调整到与检验平板垂直，再检测一次。

在给定任意方向检测时，将互相垂直的两个方向的检验结果 f_x 和 f_y，按下式进行计算：

$$f = \sqrt{f_x^2 + f_y^2}$$

在所有的检测中要在给定长度 L 上进行检测，若实际检测长度 L_1 不等于给定长度 L，则需要按下式进行换算：

$$f = f_1 L / L_1$$

④用杠杆指示表和检验心轴检测孔中心线对孔端面的垂直度误差

如图 3 - 53 所示，在检验棒上安装杠杆指示表，用角铁(弯板)顶住检验棒一端，顶端加一个大小合适的小钢球，杠杆指示表安装在检验棒另一端，表杆测量头与工件被测端面相接触，转动检验棒，杠杆指示表指针所示的最大读数值与最小读数值之差，即为孔中心线对孔端面的垂直度误差。

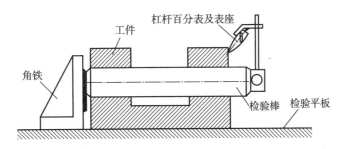

图 3 - 53 中心线对孔端面的垂直度误差

4. 其他尺寸的测量

（1）斜孔的测量

在箱体、阀体上经常会出现各式各样的斜孔，需要测出孔的倾斜角度以及轴线与端平面交点到基准面的距离尺寸。常用的测量方法是在孔中插一检验心轴，用角度尺测出孔的倾斜角度 α，然后在心轴上放一标准圆柱并校平(图 3 - 54)，测出尺寸 M，用下式计算出位置尺寸 L：

$$L = M - \frac{D}{2} + \frac{D+d}{2\cos\alpha} - \frac{D}{2}\tan\alpha$$

当零件较小时，也可用正弦规、量块、指示表精确测量斜孔角度 α（图 3 - 55）。

$$\alpha = \arcsin\frac{H}{L}$$

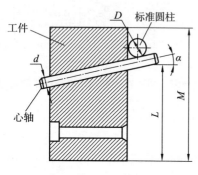 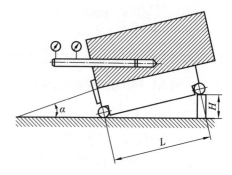

图 3 - 54　斜孔的测量　　　　图 3 - 55　较小零件斜孔角度测量

（2）凸缘的测量

凸缘的结构形式很多，有些极不规则，测量时可采用以下几种方法：

① 拓印法

将凸缘清洗干净，在其平面上涂一层红丹粉，将凸缘的内外轮廓拓印在白纸上，然后按拓印的形状进行测量，也可用铅笔和硬纸板进行拓描，然后在拓描的硬纸板上测量。

② 软铅拓形法

将软铅紧压在凸缘的轮廓上，使软铅形状与凸缘轮廓形状完全吻合。然后取出软铅，平放在白纸上进行测量。

③ 借用配合零件测绘法

箱体零件上的凸缘形状与相配合零件的配合面形状有一定的对应关系。如凸缘上的纸垫板（垫圈）和盖板，端盖的形状与凸缘的形状基本相同，可以通过对这些配合零件配合面的测量来确定凸缘的形状和尺寸。

（3）内环形槽的测量

内环形槽的直径，可以用弹簧卡钳来测量，如图 3 - 56 所示。另外还可以用印模法，即把石膏、石蜡、橡皮泥等印模材料注入或压入环形槽中，拓出样模进行测量。

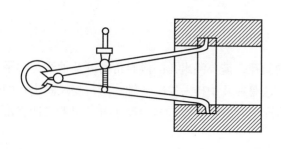 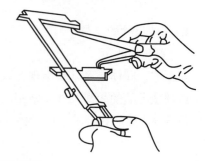

图 3 - 56　用弹簧卡钳测量内环形槽

（4）油孔的测量

箱体类零件上的润滑油和液压油的通道比较复杂，为了弄清各孔的方向、深浅和相互之间的连接关系，可用以下几种方法进行测量。

①插入检查法。用细铁丝或软塑料管线插入孔中进行检查和测量。

②注射检查法。用油液或其他液体直接注入孔中，检查孔的连接关系。

③吹烟检查法。将烟雾吹入孔中，检查孔的连接关系。

后两种方法与第一种方法配合，便可测出各孔的连接关系、走向及深度尺寸。

（5）箱体表面粗糙度的检测

在车间里多使用表面粗糙度样块采用比较法进行评定。精度要求高时，可用仪器检测。

（6）箱体外观检测

箱体外观检测，主要是根据工艺规程检验完工情况及加工表面有无缺陷。

（三）箱体类零件检验训练实例

1. 零件图

锥齿轮箱箱座如图 3-57 所示，齿轮箱箱盖如图 3-58 所示。

2. 零件精度分析

由图中可以看到，有三个尺寸为"$\phi140H7$"的孔。其中 A 和 B 两个孔为同轴孔，B 孔轴线相对于 A 孔轴线的同轴度公差为 $\phi0.05$ mm，另一个"$\phi140H7$"孔与 A、B 孔垂直，并且设计要求其轴线相对于 A、B 基准轴线的公共轴线的垂直度公差为 0.05 mm。各"$\phi140H7$"孔均有圆柱度公差要求 0.012 mm，其孔壁的表面粗糙度 Ra 值要求为 3.2 μm。在每个"$\phi140H7$"孔中都有两条沟槽，宽度分别为"14 H9"和"10 H9"，两槽的槽底直径都为"$\phi160H9$"，槽宽的两个侧面的表面粗糙度 Ra 值要求为 3.2 μm，槽底面的表面粗糙度 Ra 值要求为 6.3 μm。在箱盖顶部中心的阶梯孔，较大孔为"$\phi82$"，较小孔为"$\phi70H9$"，其表面粗糙度 Ra 值要求均为 6.3 μm。

3. 检测量具与辅具

根据此工件所需检测的位置和尺寸精度要求以及表面粗糙度的要求，选用的检测量具为指示表及其磁力表架、精密检验心轴、Ra 值粗糙度样块。

4. 零件检验

（1）几何形状尺寸检验

①孔径的检验

对于工件上精度较高的孔"$\phi140H7$"和"$\phi70H9$"可以用内径指示表进行检验，而对于精度为 9 级的槽底直径可用槽深尺寸加"$\phi140H7$"实测孔径的方法间接测量。

②槽宽的检验

槽宽精度为 9 级，应制作相应的卡板或塞规进行检验，需要"14 H9"和"10H9"塞规。也可用量块检验。

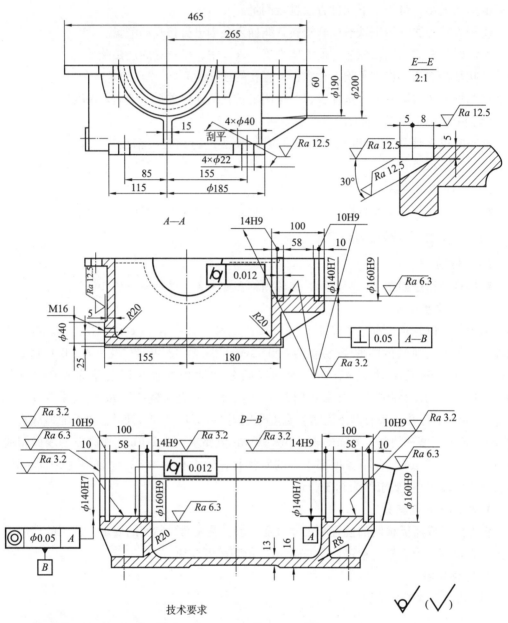

技术要求

1. 铸件表面上不允许有气孔、裂纹、缩松、夹渣等影响强度的缺陷。
2. 未注明的铸造圆角R6～R8。
3. 经退火处理后进行机械加工。
4. 内表面涂红色耐油油漆。
5. ϕ140H7、ϕ160H9、ϕ12H7圆锥销孔应与锥齿轮箱盖同时加工。

图3-57 齿轮箱箱座

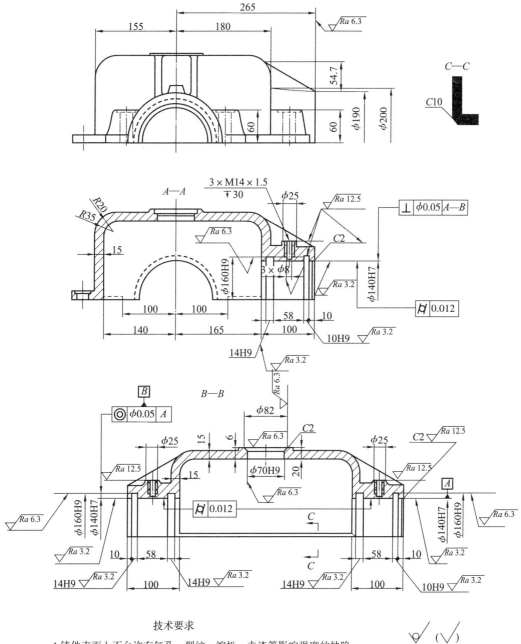

技术要求

1.铸件表面上不允许有气孔、裂纹、缩松、夹渣等影响强度的缺陷。

2.未注明的铸造圆角为R6～R8。

3.经退火处理后进行机械加工。

4.内表面涂红色耐油油漆。

5.φ140H7、φ160H9、φ12H7圆锥销孔应与锥齿轮箱盖同时加工。

图3－58　齿轮箱箱盖

（2）几何误差检验

①形状精度的检验

"φ140H7"孔有较高的圆柱度要求，检验时可用内径指示表架在孔的多个截面上，在每个截面的多个方向进行测量，要求测量值的读数差不超过 0.012 mm。

②位置精度的检测

两个"φ140H7"孔有同轴度要求，另一个"φ140H7"孔与前两个"φ140H7"孔的公共轴线有垂直度要求，可用如下方法进行检测。

——两同轴"φ140H7"孔的同轴度误差检测

工件在合箱状态下，检测时，在作为基准的孔 A 中插入一根精密心轴，将心轴重心放在孔 A 的中间部位，然后在心轴靠近被测孔一端吸附磁力表架，安装指示表，使指示表的测头与被测孔壁接触并产生一定压缩量，然后转动心轴并将心轴沿轴向移动一定距离，观察指示表的读数，读数差的 1/2 即为此两孔之间的同轴度误差。如图 3-59 所示。

——"φ140H7"孔轴线间的垂直度误差检测

如图 3-60 所示，工件还保持合箱状态，在两同轴的"φ140H7"孔中插入一根通长的心轴，两端要露在箱体外 100 mm 以上，再在另一个与之垂直的"φ140H7"孔中插入一根较短的心轴，心轴端部的中心孔中用润滑脂粘一颗钢球，钢球表面一定要露出中心孔外。将此心轴推入孔中直至钢球与前一根心轴表面接触，再在较短的心轴露在孔外的圆柱面上，用磁力表座安装指示表，指示表的测头要与较长的心轴露在孔外的部分微微接触，轻轻转动表座吸附的那根心轴，找到指示表的测头所接触的心轴最高点，将表的读数调零。然后将表座吸附的心轴轻轻旋转 180°，旋转过程中始终要保持钢球与两心轴的接触，此时磁力表座带着指示表也转过 180°，其测头与较长心轴的另一端接触，再微微转动较短的心轴，使表的测头与较长心轴表面的最高点接触，读出此时的指示表读数 Δ，则被测孔轴线的垂直度误差可用如下公式计算：

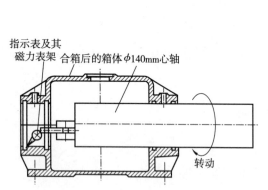

图 3-59　两同轴孔同轴度误差的检测

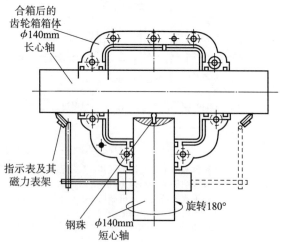

图 3-60　"φ140H7"孔轴线间垂直度误差的检测

$$\delta_{垂直} = \Delta L_1 / L_2$$

式中：$\delta_{垂直}$——被测孔轴线的垂直度误差；

L_1——被测孔的轴线长度；

L_2——指示表测头两次与心轴接触点间的轴向长度。

当垂直度误差值小于垂直度公差值时，工件合格。

四、叉架类零件的检验

（一）叉架类零件的功能和结构特点

叉架类零件包括各种用途的拨叉和支架。拨叉主要用作机床、内燃机等各种机器上的操纵机构，支架主要起支承和连接的作用。叉架类零件多数为不对称零件，具有凸台、凹坑、铸（锻）造圆角、起模斜度等常见结构。如图3-61、图3-62所示。

图3-61 叉类零件   图3-62 架类零件

叉架类零件的形状比较复杂，但从功能上大都可分成如下几个部分。

工作部分：对其他零件施加作用的部分，常有孔。

支承部分：支承或安装固定零件自身的部分，常有轴承孔。

连接部分：连接零件自身的工作部分和支承部分。常见的结构有肋板或实心杆。

（二）叉架类零件的检测

（1）由叉架类零件的结构特点可知，其中大部分尺寸的形成铸（锻）造直接成形，均为未注公差尺寸，测量时可用游标卡尺或钢直尺、钢卷尺、半径样板等进行测量。

（2）叉架类零件起支承作用的孔或轴均有较严的尺寸公差、形状公差和表面粗糙度等要求。测量时可用外径千分尺、内测千分尺、内径量表等量具，并通过对孔或轴不同方向、不同位置的测量计算出该孔或轴的半径差，即可得出相应孔或轴的圆度或圆柱度误差。

（3）叉架类零件中另一重要的测量要求是位置公差检测，即定位平面对支承平面的垂直度公差和平行度公差；定位平面对支承孔或轴的轴向圆跳动或垂直度公差等。测量时，可利用平板、方箱或心轴与定位平面和孔贴合，并以平板、方箱表面和心轴中心线作为测量基准进行位置公差检测。

【例3-1】 测量拨叉孔直径中$\phi 15^{+0.038}_{0}$ mm，$\phi 27^{+0.033}_{0}$ mm及中心距$120^{0}_{-0.5}$ mm，如图3-63所示。

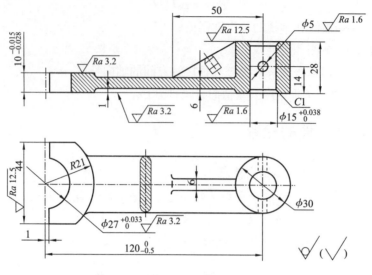

图 3－63 拨叉

孔径 $\phi15^{+0.038}_{0}$ mm 可用内测千分尺或内径量表直接测量；直径 $\phi27^{+0.033}_{0}$ mm 可用标准圆柱进行比较测量；中心距 $120^{0}_{-0.5}$ mm 的测量可用游标卡尺测量两孔间最小距离后分别加上两孔半径值即可。

【例 3－2】 测量轴承座孔的平行度误差[图 3－64(a)]。用杠杆千分表直接测量被测孔的上下素线，测量素线对基准面的平行度误差[图 3－64(b)]。测量时，将被测零件 1 放置在平板 3 上，将杠杆千分表 2(或电感测头)直接伸入孔内，在若干个横截面位置，孔的上下素线处千分表示值为 y_1 和 y_2，记录每个测位上的示值($y_1 - y_2$)，取其中最大值与最小值代入下式，即可求得该零件的平行度误差：

$$f = \frac{1}{2}\left|(y_1 - y_2)_{\max} - (y_1 - y_2)_{\min}\right|$$

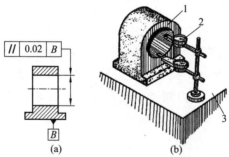

图 3－64 孔的平行度误差测量示意图

1—被测零件；2—杠杆千分表；3—平板

(三)叉架类零件检验训练实例

1. 托架零件图

如图 3－65 所示。

166

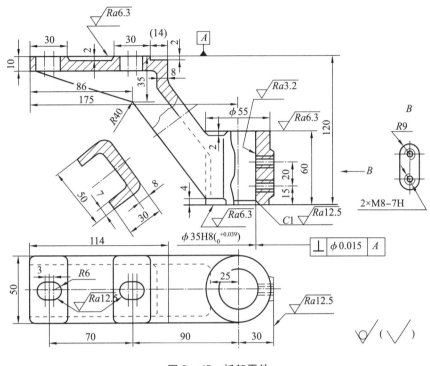

图 3-65 托架零件

2. 零件几何精度分析

（1）门形截面板在此托架上主要起支承和连接的作用，其截面定形尺寸从移出剖面图上看分别是宽 50 mm、高 30 mm、壁厚 7 mm 和 8 mm。这些尺寸均为未注公差尺寸，这些尺寸的极限偏差可按 GB/T 1804—2000《一般公差　未注公差的线性和角度尺寸的公差》执行，具体选用哪一等精度应视制造工厂的实际加工能力而定。

（2）托架底板有两个长圆形孔，其定形尺寸是孔半径 R6 mm、两半圆孔孔心距为 3 mm，定位尺寸分别是 90 mm、70 mm。主视图中尺寸 R40 mm 是定形尺寸，175 mm 是定位尺寸，带括号的尺寸"（14）"是参考尺寸。此尺寸是在保证其他尺寸及其精度的前提下自动形成的尺寸，一般不用保证其精度。这些尺寸均为未注公差尺寸。

（3）尺寸"2×M8-7H"表示有两个螺孔，M 表示普通螺纹，8 表示基本尺寸（大径）为 8 mm，螺距是 1.25 mm。因为是标准的粗牙螺纹，所以该螺距尺寸并没有在标注中写出。7H 表示中径和顶径的公差带代号，表示该内螺纹精度为 7 级，基本偏差为 H，其定位尺寸分别是15 mm、20 mm。

（4）该零件上一个最精确的孔 $\phi 35H8\left(^{+0.039}_{0}\right)$，$\phi 35$ 是基本尺寸，单位为 mm，H 是基本偏差代号，8 是表示标准公差的等级，即精度等级为 IT8，括号内" +0.039"是上极限偏差，"0"是下极限偏差（单位均为 mm），所以公差是 0.039 mm。

（5）几何公差：$\phi 35H8\left(^{+0.039}_{0}\right)$孔的轴线相对于 A 基准面在任意方向的垂直度公差为

$\phi 0.015$ mm，其精度等级介于 IT5 ~ IT6 之间，且接近 IT5 级，属于非标准公差值。

3. 检测用量具与辅具

35 ~ 50 mm 内径千分表、游标卡尺、检验平板、方箱、千分表、表架、$\phi 35$ mm 标准检验心轴。

4. 零件检测

(1)尺寸误差的检测

此托架零件仅有一个"$\phi 35H8$"孔的尺寸精度等级较高，达到了 IT8。该孔实际尺寸的检测可用量程为 35 ~ 50 mm 的内径千分表进行，使用前应在计量室对其进行校对，使其千分表在尺寸 35 mm 处读数归零。其他未注公差的尺寸可用游标卡尺或钢直尺进行检测，当然有的尺寸要使用间接测量法进行测量。两个"M8"的内螺纹的检测一般需要使用相对应的规格、尺寸和精度的螺纹塞规来进行。

(2)垂直度误差的检测

此托架零件"$\phi 35H8$"轴线相对于顶面 A 的垂直度要求较高，这里可用尺寸为 150 mm 的0 级或00 级方箱进行检测。方法如图 3 - 66 所示：将托架的顶面 A 与方箱的一个工作面可靠接触并定位，用 C 形夹具将托架工件夹紧在方箱上，将方箱连同夹好的工件一起放置在0 级检验平板上，方箱与检验平板的接触定位面应与上述托架顶面 A 垂直，在工件的 $\phi 35H8$ 孔中插入一根标准心轴，它们之间的配合应无间隙，即用心轴模拟被测轴线，此时心轴轴线应与检验平板处于垂直状态；取一带表座的千分表也放置在检验平板上，调整千分表的位置使其测头与露在被测孔面外且靠近基准面 A 的那一侧心轴圆柱面的最高位置的素线接触，接触点要尽可能靠近被测孔端面并产生一定的压缩量；随后将千分表调零，沿检验平板移动千分表及其表座，用千分表测头与露在工件孔另一端端面的外心轴圆柱面处于最高位置的素线接触，接触点同样要尽量靠近工件被测孔另一端端面，观察并记录此刻千分表的读数(Δ_x)。

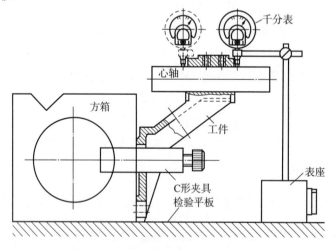

图 3 - 66　孔轴线垂直度误差检测第一步

这一阶段结束后，将方箱连同夹在上面的工件绕被测孔轴线转过 90°，再放置在检验平板上，如图 3－67 所示。用上述带表座的千分表进行与上述方法相同的检测过程，同样将靠近 A 面的那一端千分表调零，远离 A 面的那一端读数（Δ_y），得另一方向的检测值，则工件被测孔轴线的垂直度误差应为：

$$f_\perp = \sqrt{\Delta_x^2 + \Delta_y^2}$$

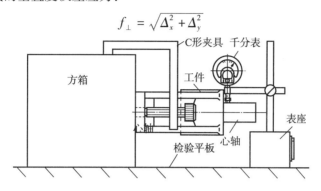

图 3－67　孔轴线垂直度误差检测第二步

复习思考题

1. 箱体类零件空间尺寸的检测内容有哪些？

2. 箱体类零件几何误差检测基本方法有哪几种？

3. 简述平台测量法用的主要检验器具和辅具。

4. 根据叉架类零件的结构特点，其中大部分尺寸可以用哪些量具进行测量？

5. 叉架类零件起支承作用的孔或轴一般有哪些要求？测量时可用什么量具？

6. 请叙述如何利用平板、方箱或心轴等平台检验方法进行位置公差检测。

7. 间隙法检测垂直度误差中，应该注意什么情况下塞尺的尺寸就是垂直度误差值？什么情况下需要进行计算？

8. 怎样检测以外圆柱面轴线为基准的轴向圆跳动误差？

9. 用什么量具进行内孔沟槽尺寸的检测？

10. 用标准圆柱或检验心轴模拟轴线检测过程中，应该在计算公式中带入圆柱的什么数值进行计算？为什么？

第一节　表面处理的检验

一、表面处理概述

许多工业产品在制造完成后，都会根据其用途进行表面处理或涂层处理，以提高产品的外观吸引力和使用寿命。表面处理的作用是短时间防腐保护或为涂层做准备。涂层一般都是在零件的表面涂覆一层薄薄的、固定附着的涂层。涂层的材料主要是油漆、塑料、金属、搪瓷或陶瓷。

选择预处理方法和涂层方法以及涂层材料时，必须考虑环境的承受能力和对人身健康的危害性。表面处理的基本方法，一般分为涂层、电镀、氧化处理和磷化处理四类，如图4-1所示；也有按照表面处理层分为保护性覆盖层、保护装饰性覆盖层、工作保护性覆盖层和化学涂层等。

二、表面处理的检验项目

表面处理的主要检验项目见表4-1。

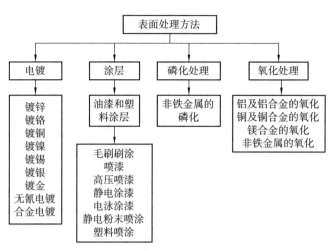

图 4－1　表面处理的基本方法

表 4－1　表面处理的主要检验项目

序号	检验项目	检验方法
1	外观	目测法
2	镀层厚度	物理法(显微镜法、磁性法、弦线测定法等) 化学法(计时液流法、点滴法、溶解法等) 镀层厚度也可用千分尺、游标卡尺、I 塞规等直接测出
3	镀层结合强度	弯曲法、加热法、挤压法、磨削法、刷光法、锉刀法、划痕法
4	镀层耐蚀性	大气曝晒法、各种盐雾试验法、腐蚀膏法、溶液点滴腐蚀试验法
5	镀层孔隙率	贴置湿润滤纸法、浇浸法等
6	硬度及耐磨性	各种硬度及耐磨试验法
7	特殊性能	绝缘性能、抗硫性能、氢脆试验等
8	涂料及覆盖层	涂料、涂覆过程的检验

三、涂层检验

1. 涂料的检验

涂料质量的优劣直接影响到涂层质量，所以必须按质量标准对涂料的质量进行检验。涂料质量一般采用抽样法进行检验。

（1）取样

在开桶取样前，应先将桶盖上的灰尘擦净，然后打开桶盖，用干净的棒将涂料搅拌均匀后(有的企业有搅拌机，可以用搅拌机搅拌)取样 500 g，分装在两个透明玻璃瓶内，一瓶待验，一瓶封存留样备查及作对比用，并在瓶壁上加贴标签注明生产厂、名称、批号、制造日期及留样日期，封存三个月后观察涂料储存情况，分析使用。

为了使误差减小，取样的 500 g 应该是净重，有时称量完后倒出时，玻璃瓶内壁上还残留有涂料，实际倒出的不够 500 g，也会使测量结果造成误差，特别是对精度要求较高的指标应引起高度重视。

（2）透明度的检验

透明度的检验属外观检验，用于检验不含颜料的清漆、清油和稀释剂等产品是否有机械杂质和呈现浑浊现象。检验方法是：将试样置于干燥洁净的试管中，用肉眼在自然散射光线下观察，即可鉴别涂料中是否有机械杂质和浑浊现象，对浑浊现象用"稍浑""微浑"和"浑浊"来表示。

（3）颜色的检验

颜色的检验，是指对清漆、清油和稀释剂颜色的测定。将试样装入无色透明的试管中（内径为 10.75 mm ± 0.05 mm，长 114 mm ± 1 mm），用铁钴比色计的 18 个标准色阶溶液，在非直射的阳光或标准光源下对比，目测涂料颜色接近哪一号色阶，该号色阶就是被检测涂料的颜色，以号表示。

（4）遮盖力的检验

将色漆均匀地涂刷在物体表面上，使其底色不呈现的最小用漆量称为遮盖力。遮盖力有两种表示法。一是涂料耗量表示法：单位面积涂层的最小耗漆量（不露底色），单们为 g/m^2；二是湿涂层厚度表示法：能够以最薄的湿膜盖住全部底面而又不露底色的涂层厚度，单位为 μm。

（5）黏度的检验

黏度是涂料的重要指标之一，因此生产和使用单位，都要将黏度控制在施工最佳的范围内。黏度有条件黏度、相对黏度和绝对黏度三种。

目前常用涂—4 黏度计测定条件黏度。涂—4 黏度计测定操作方法：将过滤好的涂料缓缓地倒入漏斗内至圆顶端止（倒入前先将下部的漏嘴堵上），放开堵孔即按下秒表，直至涂料流完即停止秒表，其读数就是该涂料的流动性，或称为黏度指标，单位为 s。

（6）细度的检验

测量颜料在漆中分散程度的方法，称为涂料细度测定法。颜料在漆中的分散度越高，则细度越小，颜料的着色力、遮盖力好，漆膜平整光滑，保护性好。

2. 涂覆过程的检验

涂装施工过程中的质量检验，即每一道工序间的质量检查，在施工工艺中都要有明确规定。检验人员必须按工艺中规定的质量标准进行检验，把好工序检验关，才能最终获得高的涂层质量。涂装施工工序间的某一道工序质量不符合质量要求，都将对涂层质量产生不良影响，甚至造成废品。

（1）涂层层次间的质量指标

涂层层次间的质量指标是指复合涂层的涂底漆、刮磨腻子、二道底漆、前道面漆等的质量检查。

（2）涂装工序的质量控制

①涂前表面处理

为了获得良好的涂膜质量，对金属表面在涂漆前要进行预处理，经处理后的涂装表面应达到彻底的无油，无锈蚀物，无氧化皮，无焊渣、毛刺、灰尘等污物。喷砂、喷丸处理后的表面质量应达到呈现金属光泽的本色，彻底的无油、无锈蚀物和氧化皮，无焊渣和毛刺。

——对铸件表面要求：不允许有超过规定的凸起、缩孔、孔隙和过长的浇冒口等缺陷。对于冷冲件、剪切件，应除掉毛刺；焊接件焊口应磨平，除掉焊渣。

——为了提高金属表面与涂膜的结合力，在涂漆前必须将油污和杂质清洗干净。

——金属部件表面有锈蚀和氧化皮时，要采取喷砂或酸洗等方法去除。

②涂底漆

底漆对金属表面起着重要的防护作用，同时可以增加面漆的附着力。在采用底漆时，对钢铁件应先喷涂磷化底漆，施工环境要干净、干燥，如湿度太大，易引起涂膜泛白，影响涂膜附着力和防腐性能。在后续喷涂铁红、环氧或醇酸底漆时，必须待磷化底漆彻底干后方可操作。喷涂磷化底漆后，再喷涂铁红。环氧醇酸底漆可提高涂膜的耐湿热、耐盐雾性能。

③刮腻子

刮腻子主要是填补已涂过底漆的金属表面的不平处，以保证涂膜外观平整光滑。头道腻子不可刮得太厚，一般控制在 0.5 mm 以下，腻子刮后应按工艺规定进行烘干。刮腻子的道数应以表面达到平整光滑为准，但必须在上道腻子干燥后，再刮下道腻子，否则会因里层干得不透，喷面漆后，涂膜出现气泡和脱落等缺陷。

④喷二道底漆

目的是使表面光滑、细腻，达到增强底漆和面漆的结合力。

⑤喷涂面漆

喷涂前要做好准备工作，如清扫环境、过滤漆液、调整漆的黏度、调整喷枪喷嘴的大小和气压等。

⑥检验涂层质量

——底漆层外观的检验方法：在光线充足的环境下目视。

——腻子层外观的检验方法：首先在光线充足的环境下目视外观质量，然后用测厚仪检查，要求第一、二层腻子厚度在 0.3~0.5 mm，第三层腻子薄而均匀。

——底漆干燥程度的检验方法：将直径为 10 mm、重 200 g 的干燥砝码放在铺放于底漆层上的纱布上 30 s，取出后底漆面无印痕和粘附棉屑，即为合格。

——腻子表面干燥程度的检验方法：可用 0.3 kg 锤子尖端进行打击，当被打击处的腻子层只鼓起为合格，不准出现脱落和裂纹。

——面漆外观的质量检验方法：用肉眼观察，也可用样板对照检验。

——面漆实干的检验方法：用手指在涂膜上用力急速地按一下，涂膜上不留指纹和产生剥落现象，涂膜应保持平整光滑，即为合格。也可在涂膜上放一片滤纸或一个棉球，在上面轻轻放置一个底面积为 1 cm^2、重 200 g 的干燥试验器，将样板翻转（涂膜向下），滤纸或棉球能自由下落，并且纤维不被粘在涂膜上为合格。

3. 涂膜的检验

涂膜的检验，包括对涂膜外观的检验，涂膜结合力、防腐性及其他一些重要指标的检验，以确定涂膜质量是否达到标准规定的要求。在实际生产过程中，有些项目可以在涂装现场进行检验，但多数项目不能在生产现场进行检验，需要按标准中规定的涂层检测样板的制备方法进行检测。

（1）色漆颜色的检验

将漆样涂在试板上，全干后与标准色涂料样板进行比较，观察颜色的深浅和色相是否一致。对涂膜颜色和外观的检验是十分重要的，如不严格控制，将会出现同种颜色的涂料由于批号不同而颜色不一，在使用中如涂在同一台产品上，将影响表面的装饰性。因此，在使用前要对涂料颜色进行检验，方法如下：

①标准样品法

将测定样品与标准样品分别在马口铁上制备涂膜，待涂膜实干后将两板重叠 1/4 面积，在天然散射光线下检查，眼睛与样板距离 300 mm 左右，成 120°～140°角，根据产品标准检查颜色和外观，颜色应符合技术允许范围，外观应平整光滑，符合产品标准规定。

②标准色板法

将测定样品在马口铁板上制备涂膜，待涂膜实干后，将标准色板与待测色板重叠 1/4 面积，在天然散射光线下检查，眼睛与样板距离 300 mm 左右，成 120°～140°角，观察色相、明度、纯度有无不同于标准色板、色卡的色差，其颜色若在两块标准色板之间，或与一块标准色板比较接近，即为符合技术允许范围。

③仪器测定法

用各种类型的色差仪来测定涂膜的颜色。这种方法测得的结果更准确。

（2）结合力的检验

结合力即涂膜的附着力，是指涂膜与被涂物体表面黏合的牢固程度。目前要真正测得涂膜与被涂物体的附着力是比较困难的，一般只能用间接的方法来测得，常采用综合测定和剥离测定两种方法。

综合测定法包括栅格法、交叉切痕法和画圈法。

剥离测定法包括扭开法和拉开法。

（3）耐冲击强度的检验

耐冲击强度是指测试涂膜在高速度的负荷作用下的变形程度，即涂料涂膜抵抗外来冲击的能力。它是以一定质量的重锤质量，与其落在涂漆面上而不引起涂膜破坏的最大高度的乘积（kg·cm）来表示的。测试仪器为冲击试验器。

测试方法：将干后的涂漆样板平放于铁砧上，涂膜朝上，样板受冲击部位距边缘不少于15 mm，将重锤提至 10 cm 高度，然后按控制钮，使重锤自由落下冲击样板，提起重锤取出样板，用 4 倍放大镜观察，看受冲击处涂膜有无裂纹、皱皮及剥落现象，当涂膜无裂纹、皱皮、剥落现象时，可依次增大重锤的高度至 20～50 mm。试验应在 25℃、相对湿度为 65%±5% 的条件下进行。

（4）柔韧性的检验

柔韧性的试验方法，是将涂漆的马口铁在不同直径的棒上弯曲后，不致引起涂膜破坏的最小轴棒为止，该轴棒的直径即表示该涂膜的柔韧性数值。

（5）硬度的检验

涂膜硬度是指涂膜对于外来物体浸入表面所具有的阻力。根据涂料的性质，涂料干燥越彻底，硬度就越高，完全干燥的涂膜，具有良好的硬度。测定涂膜硬度常用摆杆硬度计，该仪器是测涂膜的比较硬度，即在涂有涂料的玻璃板和未涂涂料的玻璃板上，摆锤在规定振幅中摆动衰退时间的比值，玻璃板上的摆动值为 $440s + 6s$，以此数除以涂有涂料的摆动值即为该漆的硬度：

$$Y_A = \frac{t}{t_0}$$

式中：t ——摆杆在涂膜上从 $2° \sim 5°$ 的摆动时间，s；

　　　t_0 ——摆杆在玻璃板上从 $2° \sim 5°$ 的摆动时间，s；

　　　Y_A ——漆膜硬度值。

（6）厚度的检验

涂膜厚度是一项重要指标，如涂膜厚度不均或厚度不够，都会对涂膜性能产生不良影响，因此对涂膜厚度要严加控制。目前用湿膜厚度计和干膜厚度计测定涂膜厚度。

①湿膜厚度计

其测量原理是：同一水平面的两个平面连接在一起，在其中间有第三个平面就能垂直地接触到湿膜。由于第三个面与外侧两个面具有高度差，故当第三个平面首先接触到湿膜的该点，即为湿膜的硬度。

测试时握住中心的导轮，并从最大读数点开始把圆盘压着试验表面滚到零，然后拿开，湿膜首先与中间偏心表面接触的该点，即为湿膜的硬度。

②干膜硬度计

有磁性和非磁性两种。磁性测厚仪用来测定钢铁底板上涂膜的厚度，非磁性测厚仪用来测定铝板、铜板等不导磁底板上涂膜的厚度。

耐化学性能的检验、耐候性的检验、老化试验、湿热试验等，鉴于篇幅所限不再赘述，需要的可以参阅相关标准。

四、镀层检验

（一）镀层厚度的检验

镀层厚度通常是表面技术中最常测量的定量参数之一。除了尺寸公差以外，镀层厚度在磨损、腐蚀过程中都是非常重要的参数并与经济价值有关。根据不同的测量原理可以将厚度测量区分为显微镜法、磁性法、计时液流法、点滴法、机械法、溶解法、电子法、电磁法、放射性法等。外径千分尺、游标卡尺、量规和重力仪是用来测量厚度不小于 3 μm 的仪器。下面重点讨论的是镀层厚度检测常用的一些方法。

1. 显微镜法

显微镜法又称金相法。检测原理：从待测件上切割一块试样，镶嵌后，采用适当的技术对横断面进行研磨、抛光和浸蚀。用校正过的标尺测量覆盖层横断面的厚度。即它是将经过浸蚀的零件或试样，放在具有测微目镜的金相显微镜上，放大测量断面上镀层的厚度。当镀层厚度在 20 μm 以上时用 200 倍，当镀层厚度在 20 μm 以下时用 500 倍。这种方法适用于测量 2 μm 以上的各种金属镀层和氧化物覆层的厚度。

用于测量的零件或试样，需经过研磨、抛光和浸蚀，然后再进行测量，但应注意以下几点：

（1）切取和研磨的表面应垂直于待测镀层或氧化覆层平面，垂直度误差不得大于 10°。

（2）在磨片前，为防止损坏待测镀层的边缘，应加镀厚度不小于 10 μm 的其他电镀层。其硬度应接近原有镀层的硬度，颜色应与待测镀层有所区别。例如：检查镍层厚度时，以铜作保护层；反之，检查铜层厚度时，则用镍作保护层。

（3）抛光后应选择适当的浸蚀剂仔细地进行浸蚀。

（4）为了提高金属层间的反差，除去金属遮盖的痕迹并在覆盖层界面处显示一条细线，一般采用浸蚀的方法。

（5）测量仪器在测量前要标定一次，标定和测量由同一操作者完成。将浸蚀过的试样，放在已标定好的金相显微镜上，测量断面上镀层的厚度。在同一视场，每次测厚至少应是三次读数的平均值。如果要平均厚度，则应在镶嵌试样的全部长度内取 5 点测厚，取其算术平均值。

（6）应用本方法可能涉及危险的材料、操作和装置的使用。检验人员有责任根据国家或当地的规定制定合适的健康和安全条例，并采取相应的措施。

其他要求可查阅 GB/T 6462—2005《金属和氧化物覆盖层　厚度测量　显微镜法》。

2. 磁性法

磁性法测量镀覆层厚度，是用磁性测厚仪对磁性基体上的非磁性镀覆层进行的非破坏性测量。检测原理：用磁性测厚仪测量永久磁铁和基体金属之间的磁引力，该磁引力受到覆盖层存在的影响；或者测量穿过覆盖层与基体金属的磁通路的磁阻。

用磁性测厚仪测量镀层厚度时，应注意以下几点：

（1）对每种磁性测厚仪，基体金属都有一极限厚度，其极限厚度对不同的仪器是不同的。若基体金属厚度小于极限厚度，则对测量结果有影响。当遇此情况时，在测量时应该用与受检试样材质相同的材料衬垫在下面，或用与受检试样厚度相同、材质相同的标准样品进行校准。

（2）测量前，应该除掉镀层表面上的油污及其他外在杂质，并且不应有可见的不合格，不应在焊接熔剂、酸斑、渣滓或氧化物处进行测量。

（3）在粗糙表面上测量时，应在相同表面状态的未镀覆的基体金属表面上进行校准。

（4）测量时，探头要垂直放在试样表面上。对于依测量断开力为基础的磁性测厚仪，因受地球重力场影响，用于水平方向或倒置方向测量时，应在相同方位上进行校准。

（5）测量时，探头一般不应该在弯曲处、靠近边缘或内角处测量，如要求在这样的位置测量，则应该进行特别校正，并引入校正系数。

（6）采用两极式探头的仪器进行测量时，应使探头的取向与校准件的取向相同，或将探头在相互成90°角的两个方向上进行两次测量。

（7）使用磁力性仪器测量铝和铝合金镀层厚度时，磁体探头会被镀层粘附，这时可在镀层表面上涂上油膜，以改善重现性。但这不能用于其他镀层。

（8）磷的质量分数大于8%的化学镀覆的磷－镍合金层是非磁性镀层。因此，应在热处理前测量厚度。若在热处理后测量，则仪器应该在经过热处理的标准样品上进行校准。

用磁性测厚仪测量镀层厚度的测量误差一般为 ±10%；镀层厚度小于5 μm 时，应进行多次测量，用统计方法求出其结果。

3. 计时液流法

计时液流法是用能使镀层溶解的溶液流注在镀层的局部表面上，根据局部镀层溶解完毕所需要的时间，来计算镀层的厚度。

计时液流法的测量装置如图4－2所示。

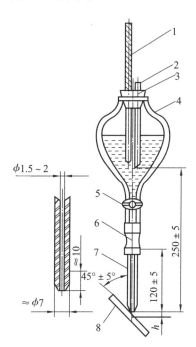

图4－2 计时液流法的测量装置

1—温度计；2—通气玻璃管；3—橡皮塞；4—分液漏斗(500～1 000 mL)；

5—活塞；6—乳胶管；7—毛细管；8—试样

计时液流法所用的溶液成分可按标准要求配制，所用试剂应该是化学纯品级。

检验方法如下：

（1）检验前，应将零件置于室内，使零件、溶液的温度与室温相同，然后用氧化镁膏剂或蘸有酒精的棉球除去受检部位的油脂。对于直接从镀槽中取出的零件，清洗干燥后，即可测量镀层厚度。为防止溶液流散，可用蜡笔或其他化学稳定材料按溶液在受检表面上流动的方向画几条平行线，线间距离约为 4 mm；再将零件放在滴管下，使受检表面距滴管口端距离 $h = 4 \sim 5$ mm，零件表面与水平的夹角为 $45° \pm 5°$。

（2）检验时，打开活塞的同时，开动秒表，当受检部位开始显露基体金属时，立即停止秒表，同时关闭活塞，记录显示终点的时间和溶液温度。如果有垢迹出现，并对镀层溶液结束的观察有妨碍，则可用滤纸轻轻擦除垢迹，然后继续试验。液流流注时间应累计计算。在检验多层镀层时，应分别记录每层镀层溶解所需要的时间。为了获得较为准确的数值，可测三次以上，取其平均值作为计算镀层厚度的时间。

镀层的局部厚度，可按下式计算：

$$\Delta = \delta_i t$$

式中：Δ ——镀层的局部厚度，μm；

　　　δ_i ——每秒钟溶解的镀层厚度，μm/s；

　　　t ——溶解局部镀层所消耗的时间，s。

表 4 - 2 中所列 δ_i 值适用于下列镀层：

——氧化物、硫酸盐、铵盐和锌酸盐电解液中镀出的锌镀层；

——氧化物电解液镀出的锡镀层；

——氰化物和焦磷酸盐电解液镀出的铜镀层；

——硫酸盐电解液镀出的镍镀层；

——氰化物、硫氰化物电解液镀出的银镀层；

——氰化物电解液镀出的铜 - 锡合金镀层；

——酸性或碱性电解液镀出的锡镀层。

表 4 - 2　每秒钟溶解的镀层厚度 δ_i　　　　　　　　　　μm/s

溶液温度/℃	锌镀层	镉镀层	铜镀层	镍镀层	银镀层	锡镀层	铜 - 锡合金镀层（锡的质量分数为 10% 左右）
5	0.410		0.502				
6	0.425		0.525				
7	0.440		0.549				
8	0.455		0.574				
9	0.470		0.600				
10	0.485	0.680	0.626	0.235	0.302	0.370	0.420
11	0.500	0.700	0.653	0.250	0.310	0.382	0.440
12	0.515	0.720	0.681	0.270	0.320	0.394	0.460
13	0.530	0.745	0.710	0.290	0.330	0.406	0.480
14	0.545	0.770	0.741	0.315	0.340	0.418	0.500
15	0.560	0.795	0.773	0.340	0.350	0.430	0.520
16	0.571	0.820	0.806	0.376	0.360	0.442	0.540
17	0.589	0.845	0.840	0.424	0.370	0.455	0.560

续表

溶液温度/℃	锌镀层	镉镀层	铜镀层	镍镀层	银镀层	锡镀层	铜–锡合金镀层（锡的质量分数为10%左右）
18	0.610	0.875	0.876	0.464	0.380	0.470	0.580
19	0.630	0.905	0.913	0.493	0.390	0.485	0.602
20	0.645	0.935	0.952	0.521	0.403	0.500	0.626
21	0.670	0.965	0.993	0.546	0.413	0.515	0.647
22	0.690	1.000	1.036	0.575	0.420	0.530	0.668
23	0.715	1.035	1.100	0.606	0.431	0.545	0.690
24	0.740	1.075	1.163	0.641	0.443	0.562	0.712
25	0.752	1.115	1.223	0.671	0.450	0.580	0.732
26	0.775	1.160	1.273	0.709	0.460	0.598	0.755
27	0.790	1.205	1.333	0.741	0.465	0.616	0.778
28	0.808	1.500	1.389	0.769	0.470	0.630	0.800
29	0.824	1.300	1.429	0.800	0.475	0.652	0.823
30	0.833	1.350	1.471	0.833	0.480	0.670	0.847
31	0.850	1.410	1.515	0.862			0.870
32	0.870	1.470	1.560	0.893			0.892
33	0.883	1.530	1.610	0.923			0.915
34	0.900	1.590	1.660	0.953			0.938
35	0.917	1.655	1.710	0.983			0.960

在采用铜镀层的δ_i值计算从硫酸盐电解液镀出的铜镀层厚度时，应进行修正，即按下式计算镀层厚度：

$$\Delta = 0.9\,\delta_i t$$

在采用镍镀层的δ_i值计算以1–4丁炔二醇和糖精以及萘二磺酸和甲醛为光亮剂的光亮镀镍层厚度时，应引入校正系数1.2。

对难于直接观察镀层是否溶解完毕的零件，可使用通电计时液流法测厚装置。其操作方法与计时液流法完全相同，只是当微安表指针发生偏转的瞬时，即表示溶解完毕。

使用计时液流法测量镀层厚度，对于厚度大于2 μm的镀层，其测量误差为±10%。这种方法适用于检验金属制件上的铜、镍、锌、锡、镉、银和铜–锡合金等镀层的厚度。

4. 点滴法

点滴法是将一滴配制好的溶液滴在清洁的镀层表面上，保持规定的时间，然后迅速用过滤纸或脱脂棉吸干；再在原位置滴上一滴新鲜溶液（1 mL约有20滴），保持同样的时间后再迅速吸干；如此反复进行，直到显露基体金属或液滴区变色为止，记下消耗溶液的滴数，然后按下列公式计算局部镀层厚度：

$$\Delta = (n - 0.5)K$$

式中：Δ——镀层的局部厚度，μm；

   n——点滴至露出基体金属时所用的溶液总点数；

   K——每一滴溶液所溶解的镀层厚度，μm。

每一滴溶液所溶解的镀层厚度 K 见表 4-3。

表 4-3　每一滴溶液所溶解的镀层厚度 K μm

温度/℃	锌	镉	镍	银	锡	铜	化学镀镍
10	0.78		0.51			0.75	
15	1.01	1.9	0.61		0.94	0.89	
18	1.12	2.1	0.67	2.70		1.01	1.64
20	1.24	2.3	0.70	2.85	1.04	1.08	
25	1.45	2.9	0.75	3.10	1.14	1.20	1.96
30		3.6		3.30		1.33	
35				3.50		1.46	

化学点滴法应根据情况，视需要定期(每月 1~2 次)进行抽查。

5. 溶解法

溶解法是用能够溶解镀层的溶液浸蚀镀层，使局部镀层完全溶解，然后用称重法或化学分析法测定镀层厚度。具体方法如下：

(1)检验前，应将受检镀件或试样用有机溶剂或氧化镁膏除油，然后用清水冲洗干净，并用酒精脱水，再进行称重。

(2)将称重过的受检镀件或试样，浸入相应的溶液中溶解镀层，直至镀层完全溶解裸露出基体金属或下层镀层为止。

(3)取出试样或镀件，用清水冲洗干净，以酒精脱水，然后用称重法或化学分析法测定镀层金属质量，再计算镀层厚度。

(4)用称重法测定镀层金属质量时，镀层平均厚度 Δ 可按下式计算：

$$\Delta = \frac{G_1 - G_2}{A\rho} \times 10^4$$

式中：Δ——镀层的局部厚度，μm；

   G_1——镀层溶解前试样质量，g；

   G_2——镀层溶解后试样质量，g；

   A——镀层覆盖部分表面面积，cm^2；

   ρ——镀层金属密度，g/cm^3。

(5)采用化学分析法测定镀层金属质量是在镀层完全溶解后，取出试样用蒸馏水冲洗几次，冲洗的水应流至溶液中；然后将溶液移至测量器皿中，用化学分析法分析溶解的镀层金属质量。镀层的平均厚度 Δ 按下式计算：

$$\Delta = \frac{G}{A\rho} \times 10^4$$

式中：*G*——化学分析测得的镀层金属质量，g。

溶解法测定镀层厚度所用的溶液可参阅相关标准要求，所用化学药品应为纯品级。溶液可多次使用，直至浸蚀基体金属或溶解速度十分缓慢时才不再使用。

6. 量具法

所用量具有千分尺、游标卡尺、塞规等。其方法是，用量具或仪器测量基体表面与覆盖层表面间的厚度差，从而测得各种镀层厚度。为了保证测量精度，制件上电镀前后的测量点应选择在同一位置上。当表面处理层柔软（如铅和涂漆层）时，可采用相应的措施防止变形引起的误差，并防止表面处理层受到损伤。由于热胀冷缩有影响，镀前镀后测量应在相同的环境和温度下进行。

（二）镀层结合强度的检验

金属覆盖层的结合强度是指把单位面积上的金属覆盖层从基体金属或中间金属层分离开所需要的能力。评定镀层与基体金属附着力的方法很多，常用的方法如下。

1. 摩擦抛光试验法

如果镀件局部进行擦光，则其沉积层倾向于加工硬化并吸收摩擦热。如果覆盖层较薄，则在这些试验条件下，其附着强度差的区域的覆盖与基体金属间将起皮分离。

在镀件的形状和尺寸许可时，可利用光滑的工具在已镀覆的面积不大于 6 cm^2 的表面上摩擦大约 15 s，直径为 6 mm、末端为光滑半球形的钢棒是一种适宜的摩擦工具。摩擦时用的压力应足以使得在每次行程中能擦去覆盖层，而又不能大到削割覆盖层。随着摩擦的继续，鼓泡不断增大，便说明该覆盖层的附着强度较差；如果覆盖层的力学性能较差，则鼓泡可能破裂，且从基体上剥离。此试验应限于较薄的沉积层。

2. 胶带试验法

试验是利用一种纤维粘胶带，其每 25 mm 宽度的附着力约为 8 N。利用一个固定重量的辊子把胶带的粘附面贴于要试验的覆盖层，并要仔细地排除掉所有的空气泡。间隔 10 s 以后，在带上施加一个垂直于覆盖层表面的稳定拉力，以把胶带拉去。若覆盖层的附着强度高，则不会分离覆盖层。此试验特别用于印刷线路的导线和触点上覆盖层的附着力试验，镀覆的导线试验面积应大于 30 mm^2。

3. 锉刀试验法

锉刀试验法是生产现场非常实用的一种方法。锯下一块有覆盖层的工件，夹在台钳上，用一种粗的研磨锉（只有一排锯齿）进行锉削，以期锉起覆盖层。沿从基体金属到覆盖层的方向，与镀覆表面约呈 45°的夹角进行锉削，覆盖层应不出现分离。此试验不适用于很薄的覆盖层以及像锌或镉之类的软镀层。

4. 划线和划格试验法

划线和划格试验是车间最常用的方法，关键是把握好划刀的角度。具体方法：采用磨为 30°锐刃的硬质钢划刀，相距约 2 mm 划两根平行线。在划两根平行线时，应当以足够的压力一次刻线即穿过覆盖层切割到基体金属。如果在各线之间的任一部分的覆盖层从基体金属上剥落，则认为覆盖层未通过此试验。

另一种试验是划边长为 1 mm 的方格，同时观察在此区域内的覆盖层是否从基体金属上剥落。特别是对油漆的附着力检测，还要用胶带在划 1 mm² 的数个网状油漆面上用拇指按压粘贴好后，把胶带施以一定的力拉下来，若没粘起油漆，说明附着力符合要求。

5. 弯曲试验法

弯曲试验就是弯曲挠折具有覆盖层的产品。其变形的程度和特性随基体金属、形状和覆盖层的特性及两层的相对厚度而改变。试验一般是用手或夹钳把试样尽可能快地弯曲，先向一边弯曲，然后向另一边弯曲，直到把试样弯断为止。弯曲的速度和半径可以利用适当的机器进行控制。此试验在基体金属和沉积层间产生了明显的剪切应力，如果沉积层是延展性的，则剪切应力大大降低，由于覆盖层的塑性流动，甚至当基体金属已经断裂时，覆盖层仍未破坏。

脆性的沉积层会发生裂纹，但是即便如此，此试验也能获得关于附着强度的一些数据。必须检查断口，以确定沉积层是否剥离或者沉积层能否用刀或凿子除去。剥离、碎屑剥离或片状剥离的任何迹象都可作为其附着强度差的象征。

具有内覆盖层或外覆盖层的试样都可能发生破坏。在某些情况下，虽然检查弯曲的内边可能得到更多的数据，但是一般都是在试样的外边观察覆盖层的性能。

其他的检验方法可参阅 GB/T 5270—2005《金属基体上的金属覆盖层　电沉积和化学沉积层　附着强度试验方法评述》。

第二节　装配检验

按规定的技术要求，将零件或部件进行配合连接，使之成为半成品或成品的工艺过程，称为装配。

装配工作是产品制造工艺过程中的最后一道工序，装配的好坏，对产品的质量起决定性作用。例如车床的主轴与床身导轨装配得不平行，车削出来的零件就会出现锥度；车出的零件端面就会不平。装配时，零件表面如果有碰伤或者配合表面擦洗得不干净，设备工作时，零件就会很快磨损，这样就会降低设备的使用寿命。装配得不好的设备，其生产能力就要降低，消耗的功率就会增加。

装配工作通常分为部件装配和总装配。

——部件装配。将两个以上的零件组合在一起或将几个零件组合在一起，成为一个装配单元的工作，都可以称为部件装配。

——总装配。将零件和部件组合成一台完整机械的工作过程称为总装配。

无论是部件装配检测还是总装配检测，其目的都是考查各部件的装配工艺是否正确，精度是否达到技术要求，否则必须对设备进行调整。

一、装配精度

装配质量包括的内容很多，有装配精度、操作性能、使用性能等指标。装配质量是否合格，需要对装配的各个环节进行检测，最终由数据确定。影响装配质量的因素很多，讨论装配质量，是在所有装配零件均为合格品的前提条件下进行的。

（一）装配精度的获得方法

最终获得的装配精度不但取决于各零部件的制造精度，而且还与装配方法的选择有极大的关系。常见装配方法如下。

1. 完全互换法

完全互换法的配合零件公差之和小于或等于装配允许的偏差，这样可以获得规定的精度，从而确保了装配质量。这种装配方法的零件完全互换，操作简单方便，易于掌握，生产率高，便于组织流水作业。但这种方法对零件的加工精度要求很高，适用于配合零件数较少、批量较大、零件采用经济加工精度制造的场合，如汽车、缝纫机及小型电动机的部分零部件。

2. 不完全互换法

不完全互换法中配合零件公差平方和的平方根小于或等于装配允许的偏差。可不加选择进行装配，零件可以互换，也具有操作方便、易于掌握、生产率高、便于组织流水作业生产的优点。同时因公差较完全互换法放宽，较为经济合理，但有极少数零件需返修或更换。这种方法适用于零件数较多、批量大和零件加工精度需放宽时的制造，如机床、仪器仪表中的一些部件。

3. 分组选配法

对配合副中零件的加工公差按装配允许的偏差放大若干倍，对加工后的零件进行测量分组，按对应组进行装配，同组可以互换。零件能按经济精度制造，配合精度高，但增加了分组的工作量。由于各组配合零件不可能相同，容易造成部分零件积压。适于成批大量生产、配合零件数少、配合精度较高而又不便于采用调整装配时，如滚动轴承内外圈与滚子、活塞与活塞销、活塞与缸套等。

4. 调整法

选定配合副中一个零件，制造成多种尺寸，装配时利用它来调整到装配允许偏差；或采用可调装置改变有关零件的相互位置来达到装配允许偏差；或采用误差抵消法。零件可按经济精度制造，能获得较高装配精度。但装配质量在一定程度上依赖操作者的技术水平。调整法可用于多种装配场合，如锥齿轮调整间隙的垫片、滚动轴承调整间隙的间隔套等。

5. 修配法

在某零件上预留修配量，或在装配过程中再进行一次精加工，综合消除其积累误差。修配法可获得很高的装配精度，但很大程度上依赖操作者的技术水平，适于单件小批生产，或装配精度要求高的场合，如车床尾座垫板、平面磨床砂轮架对工作台台面自磨等。

（二）装配精度的内容

机床的装配精度包括定位误差、相互位置精度、传动精度、几何精度、工作精度。

1. 定位误差

定位误差是指实际位置与预期（理想）位置之间的偏离程度。对于主要通过试切和测量工件尺寸来确定运动部件定位位置的机床，如卧式车床、万能升降台铣床等普通机床，对定位精度的要求并不太高；但对于依靠机床本身的测量装置、定位装置或自动控制系统来确定运动部件定位位置的机床，如各种自动化机床、数控机床、坐标测量机等，对定位精度必须有很高的要求。

2. 相互位置精度

相互位置精度是指以机床的某一部件为基准要素，另一部件为被测要素时，被测要素相对于基准要素（实际位置相对于理想位置之间）的误差值。如：普通车床溜板移动对尾架主轴锥孔轴心线的平行度；镗床工作台面对镗轴轴线在垂直平面内的平行度；镗轴锥孔轴线的径向跳动；镗轴轴线对前立柱导轨的垂直度。

相互位置精度中的基准要素与被测要素是相对的，如镗床工作台面对镗轴轴线在垂直平面内的平行度，镗轴轴线为基准要素，工作台面是被测要素；而在镗轴轴线对前立柱导轨的垂直度中，镗轴轴线则是被测要素，而立柱导轨则是基准要素。

3. 传动精度

机床的传动精度是指机床内联系传动链首末两端之间的相对运动精度。

外联系传动链有时也是内联系传动链的组成部分，故内外联系传动链均会对机床的传动精度产生影响。这方面的误差就称为该传动链的传动误差。

例如，车床在车削螺纹时主轴每转一转，刀架的移动量应等于螺纹的导程。但是，实际上由于主轴与刀架之间的传动链中，齿轮、丝杠及轴承等存在着误差，使得刀架的实际移距与要求的移距之间有了误差，这个误差将直接造成工件的螺距误差。为了保证工件的加工精度，不仅要求机床有必要的几何精度，而且还要求传动链有较高的传动精度。

4. 几何精度

机床的几何精度是指机床某些基础零件工作面的几何精度，它指的是机床在不运动（如主轴不转、工作台不移动）或运动速度较低时的精度。

机床的几何精度规定了决定加工精度的各主要零部件之间，以及这些零部件的运动轨迹之间的相对位置公差。例如，机床导轨副接触面积大小和接触点的分布情况、床身导轨的直线度、工作台面的平面度、主轴的回转精度、刀架拖板移动方向与主轴轴线的平行度、垂直度等。

在机床上加工的工件表面形状，是由刀具和工件之间的相对运动轨迹决定的，而刀具和工件是由机床的执行件直接带动的。所以机床的几何精度是保证加工精度最基本的条件。

5. 工作精度

（1）静态精度

静态精度只能在一定程度上反映机床的加工精度，因为机床在实际工作状态下，还有一系列因素会影响加工精度。例如，由于切削力、夹紧力的作用，机床的零部件会产生弹性变形，在机床内部热源(如电动机、液压传动装置的发热，轴承、齿轮等零件的摩擦发热等)以及环境温度变化的影响下，机床零部件将产生热变形；由于切削力和运动速度的影响，机床会产生振动；机床运动部件以工作速度运动时，由于相对滑动面之间的油膜以及其他因素的影响，其运动精度也与低速下测得的精度不同。所有这些都将引起机床静态精度的变化，影响工件的加工精度。

(2)动态精度

机床在外载荷、温升及振动等工作状态作用下的精度，称为机床的动态精度。动态精度除与静态精度有密切关系外，还在很大程度上取决于机床的刚度、抗振性和热稳定性等。

(3)工作精度

目前，生产中一般是通过切削加工出的工件精度来考核机床的综合动态精度，称为机床的工作精度。工作精度是各种因素对加工精度影响的综合反映。

(三)装配精度的检测工具

机床装配精度测量时，常用的检测检工具种类繁多。现根据用途的不同，分三类介绍。

1. 测量直线度、平面度的常用检测工具

常用的有平尺、刀口尺、平板(平台)、角铁(弯板)、方箱等。

2. 测量相互位置精度的常用工具

各种百分表、千分表、角尺、塞尺、高度游标尺、各种表座等。

3. 各种测量辅助工具

在生产中为便于被测工件的定位和检测操作，还经常用到一些辅助工具，如等高垫铁、角度垫铁、V形块、各种锥柄的检验心轴、圆柱心轴、各种专用检测工具等。

二、装配检测分类

(一)部装的检测

将合格的零件按工艺规程装配成组(部)件的工艺过程称为部装。部装检测的依据主要是标准、图样和工作文件。为了检测方便，便于记录和存档，必须设立部装检测记录单。

1. 零件外观和场地的检测

在部装之前，要对零件的外观质量和装配场地进行检查，要做到不合格的零件不准装配，场地不符合要求不准装配。具体要求如下：

(1)零件加工表面无损伤、锈蚀、划痕。

(2)零件非加工表面的油漆膜无划伤、破损，色泽要符合要求。

(3)零件表面无油污，装配时要擦洗干净。

(4)零件不得碰撞、划伤。

(5)零件出库时要检查其合格证、质量标志或证明文件，确认其质量合格后，方准进入装配线。

(6)中、小件转入装配场地时不得落地(要放在工位器具内)。

(7)大件吊进装配场地时需检查放置地基的位置,防止变形。

(8)大件质量(配件)处理记录。

(9)重要焊接零件的 X 光透视质量记录单。

(10)装配场地需恒温恒湿的,当温度和湿度未达到规定要求不准装配。

(11)场地要清洁,无不需要的工具和其他多余物,装配场地要进行定置管理。

2. 装配过程的检查

检测人员要按检测依据,采用巡回方法,监督、检查每个装配工位;监督、检查工人遵守装配工艺过程;检查有无错装和漏装的零件。装配完备后,要按规定对产品进行全面检查,做完整的记录备查。

(二)总装的检测

把零件和部件按工艺规程装配成最终产品的工艺过程称为总装。

1. 检测依据

产品图样、装配工艺规程以及产品标准。

2. 检测内容

总装过程的检查方法与部装过程的检查方法一样,采用巡回方法监督、检查每个装配工位;监督工人遵守装配工艺规程,检查有无错装、漏装等。具体要求如下:

(1)装配场地必须保持环境清洁,要求恒温恒湿的一定要达到规定要求才能装配,光线要充足,通道要畅通。

(2)总装的零部件(包括外购件、外协件)必须符合图样、标准、工艺文件要求,不准装入图样未规定的垫片和套等多余物。

(3)装配后的螺栓、螺钉头部和螺母的端部(面),应与被紧固的零件平面均匀接触,不应倾斜和留有空隙,装配在同一部位的螺钉长度一般应一致;紧固的螺钉、螺栓和螺母不应有松动的现象,影响精度的螺钉,紧固力矩应一致。

(4)在螺母紧固后,各种止动垫圈应达到制动要求。根据结构的需要可采用在螺纹部分涂低强度防松胶代替止动垫圈。

(5)机械转动和移动部件装配后,运动应平稳、轻便、灵活、无阻滞现象,定位机构应保证准确可靠。

(6)有刻度装置的手轮和手柄装配后的反向空程量应符合标准规定。

(7)高速旋转的零、部件在总装时应注意动平衡精度(其精度值由设计规定)。

(8)采用静压装置的机械,其节流比应符合设计的要求。在静压建立后应检查其运动的轻便和灵活性。

(9)液压系统的装配应符合标准规定。

(10)两配合件的结合面必须检查其配合接触质量。若两配合件的结合面均是刮研面,则用涂色法检测;刮研点应均匀,点数应符合规定要求。若两配合件结合面一个是刮研面，一个是机械加工面，则用机械加工面检测刮研面的接触情况；个别的 25 mm × 25 mm 面积内(不准超过两处)的最低点数，不得少于所采用标准规定点数的 50%。静压导轨油腔封油边的接触点数不得少于所采用标准规定的点数。若两配合件的结合面均是用机械切削而成的，则用涂色法检测接触斑点，检测方法应按标准规定进行。

(11)重要固定结合面和特别重要固定结合面应紧密贴合。重要固定结合面在紧固后，用塞尺检查其间隙不得超过标准之规定。特别重要固定结合面，除用涂色法检测外，在紧固前、后均应用塞尺检查间隙量，其量值应符合标准规定。与水平垂直的特别重要固定结合面，可在紧固后检测。用塞尺检查时，应允许局部(最多两处)插入，其深度应符合标准规定。

(12)滑动和移置导轨表面除用涂色法检查法，还应用塞尺检测，间隙量应符合标准规定；塞尺在导轨、镶条、压板端部的滑动面间插入深度不得超过标准规定。

(13)轴承装配的检测可调的滑动轴承结构应检测调整余量是否符合标准规定；滚动轴承的结构应检测位置保持正确，受力均匀，无损伤现象；精度较高的机械应采用冷装的方法进行装配或用加热方法装配，过盈配合的轴承，应检测加热是否均匀；同时检测轴承的清洁度和滑动轴承的飞边锐角及用润滑脂的轴承应检查其润滑脂的标准号、牌号和用量，在使用无品牌标志及标准号的润滑脂，必须送化验室进行化验，其理化指标应符合规定要求。

(14)齿轮装配的检测。齿轮与轴的配合间隙和过盈量应符合标准及图样的规定要求；两啮合齿轮的错位量不允许超过标准的规定；装配后的齿轮转动时，啮合斑点和噪声声压级应符合标准规定。

(15)检测两配合件的错位和不均称量应按两配合件大小进行检查，其允许值应符合标准的规定要求。

(16)电器装配的检查。各种电器元件的规格和性能匹配应符合标准规定，必须检查电线的颜色和装配的牢固性并应符合标准规定。

(17)一个产品经过总装检测合格后，要将检测最后确认的结果填写在总装检测记录单上，并在规定位置打上标志才可转入下序。总装检测记录单要汇总成册、存档，作为质量追踪和质量服务的依据。

三、部件及机构装配的检测方法及要求

部件与机构装配是在装配过程中控制的，其装配的好坏直接关系到总装后的质量。

部件与机构装配检测主要有如下几类：

(一)螺纹联接装配检测

螺纹联接是一种可拆的固性联接，拆装方便、简单，应用广泛。有普通螺栓联接、紧配螺栓联接、双头螺柱联接，特殊螺纹联接。

对于这种联接主要是检测其联接是否坚固，不能有松脱现象。可用测力矩扳手检测一下螺纹拧紧力矩是否达到预紧力要求；或在最后用扳手在各个螺母上重扳一下，以了解螺母是否全部拧紧。

另一种方法是通过敲击了解紧固程度，如听到的是破裂声，则表示两者配合不紧，须加以紧固。但紧固好的联接在敲击后易松开，故检查后必须将各个联接重新紧固一遍。

（二）键联接的装配检测

键用于把轴和套装的零件（如齿轮、带轮、联轴器等）联接成一体，以传递转矩。键有平键、楔键、花键等。应根据以下要求检测键联接：

（1）一般平键装完后，两侧面与轴上键槽的两侧面应均匀接触，不得有间隙，以免倒转时键产生松动现象；平键顶与轮间必须留有间隙，并防止出现阶梯形，而键的底面则应与轴槽底贴实。

（2）楔键的顶面要和键槽的顶面相接触，以承受振动和一定的轴向力，因而其斜度应一致。装配要防止轮毂产生偏斜，并且键头与轮毂间应留有一定的空隙，间隙尺寸为斜面长度的10% ~15%，以便于拆卸。楔键的工作面长度要与轮毂轴槽互相吻合，并且保持过盈配合。

（3）花键装配后，多数为滑动配合，用手晃动轴上的轮，应感觉不到有任何间隙，零件在全长上移动的松紧程度要一致，不允许有局部倾斜或花键的咬塞现象。

（三）带传动的装配检测

（1）带传动要求两根传动轴必须严格地保持平行，两轴的平行度公差为$(0.15/1\,000)I$。

（2）带轮装在轴上，应没有歪斜和摆动（需要检查其径向圆跳动和端面圆跳动量的大小是否超差）。检查时，应在轮缘处检查其径向和端面跳动，径向跳动量为$(0.000\,5 \sim 0.002\,5)D$，端面跳动量为$(0.000\,1 \sim 0.000\,5)D$，$D$ 为皮带轮直径。较大的带轮用划线盘检查，较小的带轮用百分表检查。如图4-3所示。

（3）成对皮带轮装配后应检查其相互位置。其方法是，轴距较大时用拉绳法；轴距不大时用长直尺检查，一般倾斜度不超过1°。如图4-4所示。要求轮宽对称，两轮的轮宽中间平面应在同一平面上，平移位移度 $\Delta e \leqslant 0.2a/100$ mm（a 为中心距）。

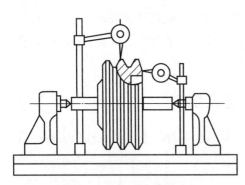

图4-3 带轮跳动量的检查

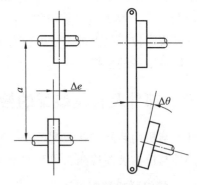

图4-4 带轮安装位置检查

（四）轴承的装配检测

1. 滚动轴承的装配检测

滚动轴承装配后应检测其轴向游隙。可通过在端盖下加垫片或用螺钉调整的方法移动内圈或外圈来达到规定游隙。

2. 滑动轴承装配的检测

滑动轴承的检测分为轴瓦与轴颈的接触面检测、轴瓦与轴颈之间的间隙检测两部分。

（1）轴瓦与轴颈接触面检测

轴瓦与轴颈接触面要求均匀、分布面广。一般要求其轴瓦与轴颈在$60°\sim90°$的范围内接触，并达到$25 \text{ mm} \times 25 \text{ mm}$面积内不少于$15\sim25$点。可用连杆装到相应的轴颈上，均匀地拧紧螺栓至连杆转动有阻力时为止，然后按工作方向转动连杆，使轴和轴颈互研；拆开连杆观察轴承的接触情况。

（2）轴瓦与轴颈间间隙的检测

各种滑动轴承其轴瓦与轴颈均有具体规定，在此不介绍，只说明检测方法。

①塞尺检测法

直径较大的轴承，用宽度较小的塞尺塞入间隙里，可直接测量出轴承间隙的大小，可检测顶间隙和侧间隙。

②千分尺检测法

用千分尺测量轴承孔和轴颈的直径尺寸时，在长度方向要选用两个或三个位置进行测量；直径方向要选用两个位置进行测量。然后分别求出轴承孔径和轴径的平均值，两者之差即是轴承的间隙。

（五）齿轮传动的装配检测

齿轮装配后，要求齿轮孔与轴孔配合要适当，不得有偏心和歪斜现象；保证齿轮有准确的安装中心距和保证齿面接触要求等。偏心误差可通过检查齿圈径向跳动确定，而歪斜误差可通过径向圆跳动或轴向圆跳动检查来确定。齿圈径向跳动可用专用检查仪检测。

1. 径向圆跳动的检测

如图4-5所示，在齿轮的轮齿间放入圆柱规，用百分表测得读数后，再转过$3\sim4$个齿重复检查一次，转一周后，取其最大与最小读数之差，即为径向圆跳动。

2. 轴向圆跳动的检测

如图4-6所示，检测时，用顶尖将轴顶在中间，把千分表的触头抵在齿轮端面上（注意表测杆与端面要垂直），转动轴便可根据千分表最大读数与最小读数的差值得出齿轮的轴向圆跳动量。

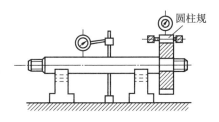

图4-5 齿轮径向圆跳动检测

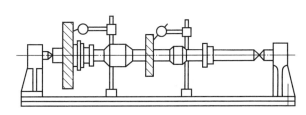

图4-6 齿轮轴向圆跳动检测

3. 齿轮中心距的检测

中心距准确度直接影响轮齿间隙大小，实测值应符合标准规定值，检测方法如图4-7

所示。分别测得 d_1、d_2、L_1、L_2，然后计算出中心距 A，如图 4-7(a) 所示，则

$$A = L_1 + (d_1/2 + d_2/2) \text{ 或 } A = L_2 - (d_1/2 + d_2/2)$$

也可用如图 4-7(b) 所示方法检测，则

$$A = \frac{L_1 + L_2}{2} - (d_1/2 + d_2/2)$$

4. 齿轮轴线间平行度的检测

如图 4-7(b) 所示，装入检测套，插入芯棒，分别测量芯棒端的尺寸 L_1、L_2，其差值 $(L_1 - L_2)$ 即是两孔轴线在所测长度内的平行度误差。传动齿轮轴线间所允许的平行度和倾斜度由齿轮的模数决定，等级不同平行度误差也不同。

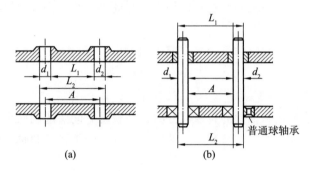

图 4-7 孔中心距及其平行度的检测

5. 齿轮啮合质量的检测

(1) 齿侧间隙的检测

可以采用塞尺法与百分表法来检查齿侧间隙。

塞尺法同滑动轴承间隙的检查。百分表法是将百分表测头与一齿轮的齿面接触(分度圆处)，另一齿轮固定，将接触百分表的齿轮从一侧啮合转到另一侧啮合，百分表上读数差值即为齿侧间隙。

(2) 接触斑点的检测

接触斑点的检测是用涂色法与加载跑合法。

涂色法是将红铅油涂在小齿轮上，然后按工作方向转动齿轮 3~4 圈，在大齿轮的齿面上留下痕迹，这个色迹就叫接触斑点。正常啮合斑点应在齿面中部，不应偏向齿顶、齿根和端部。一般接触斑点用沿齿高方向的分布量来衡量。齿轮精度不同，要求则不同。

加载跑合法是一对齿轮副装配后在轻微负荷作用下进行跑合，然后观察接触面积或接触斑点。

(六) 螺旋机构的检测

装配后必须使丝杠的轴线和导轨面平行，并且工作时丝杠的轴线也不应偏移。不论螺母处于任何位置，丝杠的轴线必须和螺母的轴线一致。

1. 丝杠轴线位置的检测

螺旋机构装配后，需按照导轨的水平面和垂直面来检测丝杠轴线的位置。检测时，把

千分表装在专用检测装置上（车床的尾座滑板可代替专用检测装置），千分表的触头先后抵住丝杠的上母线和侧母线，分别在前支承和后支承处检查，以千分表两次测量的读数差，求出误差。

2. 螺母和丝杠轴心线误差的检测

检测方法和丝杠轴线位置检测相同。检测时，将溜板箱放在中间位置，分别在丝杠两端和中间某一位置测量，所得相邻两位置之间的误差即轴心线误差。

3. 径向间隙的检测

将丝杠放在两顶尖之间处于水平位置，螺母旋到离丝杠一端约 3～5 个螺距处，测量时将千分表抵在螺母上，轻轻抬动螺母，其抬动力只需稍大于螺母重量，千分表指针的摆动差即为径向间隙值。

四、机械设备总装的检测方法及要求

机械设备的基础零件如导轨、立柱、横梁和溜板等的各项精度检测合格后，就可进行部件拼装和总装。

在组装过程中或总装完成后要对部件之间的位置精度、主轴与工作台回转精度、部件间的运动精度、定位精度、传动链以及机械平衡等各项进行检测，以判定机械设备在总装完成后是否合乎规定的几何精度和工作精度等。

下面以车床精度检验为例，介绍车床检验的主要项目要求及检测方法。

车削加工是利用工件的旋转和刀具的直线移动加工工件的，在车床上可以加工各种回转表面。由于车削加工具有高的生产率、广泛的工艺范围以及可得到较高的加工精度等特点，所以车床在金属切削机床中占的比例最大，占机床总数的 20%～35%，是应用最广泛的金属切削机床之一。

使用机床加工工件时，由于人、机、料、法、环、测等各方面的影响，工件会产生各种误差。而这些因素中，机床设备本身精度的影响很大；因此，对机床设备的几何精度进行检验，使机床的几何精度保持在一定的范围内，对保证机床的加工精度是十分重要的。国家标准对各类通用机床，如普通车床、铣床、刨床、数控车床、磨床等精度检验的项目、方法及公差等都进行了规定。

（一）车床几何精度的检验

1. 机床检验前的准备工作

（1）机床检验前的调平和安装

检验前须将机床安装在适当的基础上，并按制造厂的使用说明书将机床调平。

（2）机床检验前的状态

①零部件的拆卸

机床检验原则上在制造完工的成品上进行。如果检验时需要拆卸机床的某些零部件（如为了检验导轨而拆卸机床的工作台等），必须按制造厂规定的办法进行。

②检验前某些零部件的温度条件

检验几何精度和工作精度时，机床应尽可能处于正常工作状态。应按使用条件和制造厂的规定将机床空运转，使与温度有关的机床零部件达到恰当的温度。

对于数控机床可能要考虑特殊的温度条件，由制造厂在专门的验收规则中规定。

③运转和负荷

几何精度的检验可在机床静态下或空运转时进行，当制造厂有加载规定时（如对重型机床要求装载一件或多件试件的规定），按制造厂规定执行。

2. 几何精度检验通用要求

（1）检验机床时，可以用检验其是否超差（如用极限量规检验等）或者实测误差的方法。如用"实测误差"的方法需要用精密的测量方法和耗费大量时间，则可用校验其是否超差的方法替代，而不必实测数值。

（2）检验时必须考虑检验工具和检验方法所引起的误差，检具引起的误差只能占被检项目公差的一小部分。如因使用场合不同检具精度有明显变化，该检具必须附有精度校准单。

（3）检验机床时，应防止气流、光线和热辐射（如阳光或太近的灯光等）的干扰。检验工具在使用前应等温，机床应适当防止受环境温度变化的影响。

（4）对规定需要重复数次的检验，取其平均值为检验结果。每次测得的数据不应相差太大，否则应从检验方法、检具或机床本身去寻找原因。

（5）几何精度检验项目的顺序是按照机床部件排列的，所以并不表示实际检验次序。为了使装拆检验工具和检验方便，可按任意次序进行检验。

（6）检验车床时，并不总是必须检验所有项目，可由用户取得制造厂同意选择一些感兴趣的检验项目，但这些项目必须在机床订货时明确提出。作为企业的检验人员，对车床几何精度的检验应依据检验技术文件和工艺规程，应该熟练掌握相应的检验方法。

（7）导轨直线度局部偏差是指在指定的基本长度上两端点垂直坐标的差值。基本长度与导轨长度相比是小的。

（8）当导轨上所有的点均位于其两端点连线之上时，则该导轨被认为是凸的。即使是对于具有近似对称导轨全长中心的规则凸起曲线的导轨，也要限制导轨两端处的局部公差。在这种情况下导轨两端四分之一部位的局部公差规定值可以加倍。

——测量两个面或两条线的位置误差时，检具的读数包含了形状误差。该检验方法仅适用于两个面或两条线间的综合误差的测量，因此综合误差已包含了有关被测面的形状误差（预检可以确定线和面的形状误差及其部位）。

3. 几何精度检验项目

（1）直线度误差检测

①纵向导轨在垂直平面内的直线度误差检测

公差要求：最大工件回转直径≤800 mm；最大工件长度≤500 mm；在任意250 mm测量长度上为0.007 5 mm。

检测器具与辅具：精密水平仪或光学仪器。

检验方法：

如图 4-8 所示，在纵滑板上靠近前导轨处，纵向放一水平仪。等距离（近似等于规定的局部误差的测量长度）移动纵滑板检验。将水平仪的读数依次排列，画出导轨误差曲线。曲线相对其两端点连线的最大坐标值就是导轨全长的直线度误差。也可以将水平仪直接放在导轨上进行检验。

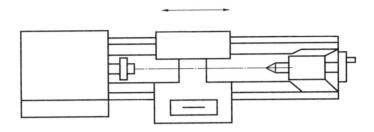

图 4-8　纵向导轨在垂直平面内的直线度误差检测

②溜板移动在水平面内的直线度误差检测

公差要求：0.02 mm。

检测器具与辅具：检验心轴或检验棒、指示器（百分表）及表座、钢丝和显微镜或光学仪器。

检验方法一：

将指示器固定在纵滑板上，使其测头触及主轴和尾座的顶尖间的检验棒表面上，如图 4-9 所示，调整尾座，使指示器在检验棒两端的读数相等。移动纵滑板在全部行程上检验，指示器读数的最大代数差值就是直线度误差。

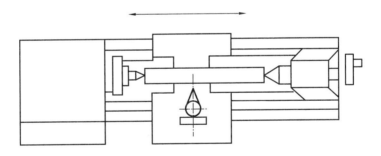

图 4-9　溜板移动在水平面内的直线度误差检测（一）

检验方法二：

如图 4-10 所示，将检验心轴置于两顶尖间，松紧程度适当，锁紧尾座主轴；将百分表及表座置于溜板上，百分表触头与检验心轴侧素线接触，从左至右移动溜板，百分表读数差即为该项误差值。

检验方法三：

用钢丝和显微镜检验，如图 4-9 所示。在机床中心高的位置上绷紧一根钢丝，显微镜固定在纵滑板上，调整钢丝，使显微镜在钢丝两端的读数相等。等距离移动纵滑板在全部行程上检验，显微镜读数的最大代数差值就是直线度误差。

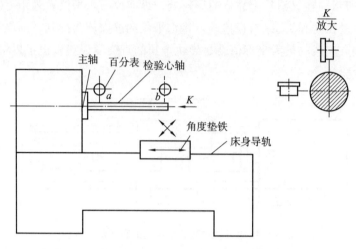

图 4-10　溜板移动在水平面内的直线度误差检测(二)

(2)平行度误差检测

①横向导轨的平行度误差检测

公差要求：0.04 mm/1 000 mm。

检测器具与辅具：精密水平仪或光学仪器。

检验方法一：

如图 4-11 所示，在纵滑板上横放一水平仪，等距离移动纵滑板检验。对精密水平仪或光学仪器，也可以将水平仪放在专用桥板上，在导轨上进行检验。

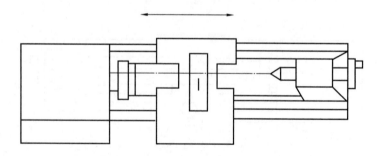

图 4-11　横向导轨的平行度误差检测

②尾座套筒轴线对溜板移动的平行度(尾座移动对纵滑板移动的平行度)误差检测

公差要求：最大工件回转直径≤800 mm；最大工件长度≤1 500 mm；在垂直平面和水平面内的公差均不大于0.03 mm，在任意500 mm 测量长度不大于0.02 mm。

检测器具与辅具：指示器(百分表)及表座。

检验方法一：

将尾座套筒摇出尾座孔大于2/3 并锁紧；如图 4-12 所示，将百分表及表座置于机床溜板上，与尾座套筒垂直平面内套筒外素线最高点 a 接触，移动溜板，百分表读数差即为尾座套筒在垂直平面内的误差；再将百分表触头置于尾座套筒水平面内外素线最高点 b，按同样的方法可测得水平面上的误差。

检验方法二：

如图4-13所示，将百分表固定在纵滑板上，使其测头触及近尾座体端面的顶尖套上；在垂直平面内，测头与近尾座体端面的顶尖套外素线最高点读数，尾座与纵滑板一起移动，在纵滑板全部行程上再读数，读数的差值为尾座套筒在垂直平面内的平行度误差；在水平面内，锁紧顶尖套，使尾座与纵滑板一起移动，在纵滑板全部行程上检验。在水平面内指示器读数的差值为尾座套筒在水平面内的平行度误差，误差分别计算。用同样的方法，百分表在任意500 mm行程上和全部行程上读数的最大差值就是局部长度和全长的平行度误差。

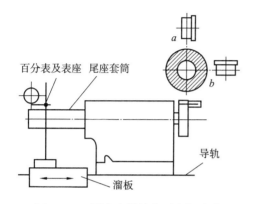

图4-12 尾座套筒轴线对溜板移动的平行度误差检测

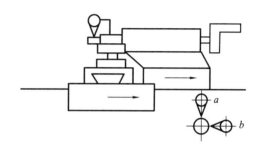

图4-13 尾座移动对纵滑板移动的平行度误差检测

③主轴轴线对纵滑板移动的平行度误差检测

公差要求：最大工件回转直径≤800 mm；在垂直面内，在300 mm测量长度上为0.02 mm（只许向上偏）；在水平面内（相互位置精度），在300 mm测量长度上为0.015 mm（只许向前偏）。

检测器具与辅具：百分表及表座、检验棒。

检验方法：

如图4-14所示，首先把百分表固定在表座上，并放置固定在纵滑板上，使其测头触及检验棒的表面；其次正确安装检验棒；将带有莫氏锥柄的检验棒置于主轴锥孔内；多次旋转主轴，并重复安装检验棒使其近主轴端读数最小，此时即安装正确。在垂直平面内，百分表测头接触检验棒外素线上最高点，记录百分表的读数（也可以调整到零位），移动纵滑板大约300 mm，记录百分表的读数，两个读数差即为主轴轴线对纵滑板移动在垂直平面内的平行度误差；在水平面内，百分表测头接触检验棒外素线水平方向上的最高点，用同样的方法移动纵滑板检验得到水平面内的平行度误差。将主轴旋转180°用同样方法再检验一次。垂直面内两次测量结果的代数和之半，就是垂直面内的平行度误差值；水平面内两次测量结果的代数和之半，就是水平面内的平行度误差值。两者均应满足各自公差要求。

④尾座套筒轴线对纵滑板移动的平行度

公差要求：最大工件回转直径≤800 mm；在垂直平面内，100 mm 测量长度上为 0.015 mm（只许向上偏）；在水平面内，100 mm 测量长度上为 0.01 mm（只许向前偏）。

检测器具与辅具：百分表及表座。

检验方法：

如图 4-15 所示，尾座套筒伸出量约为最大伸出长度的一半，并锁紧。把百分表固定在表座上，并放置固定在纵滑板上；在垂直面内，百分表测头与尾座套筒外素线最高点接触，记录百分表读数，移动纵滑板大约 100 mm，记录百分表读数，两读数之差即为尾座套筒在垂直平面内的平行度误差；在水平面内，用同样的方法移动纵滑板检验尾座套筒在水平面内的平行度误差。两者均应满足各自公差要求。

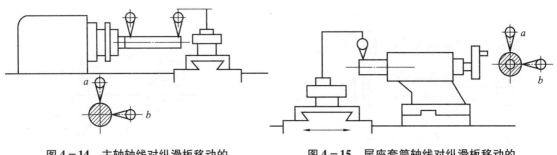

图 4-14　主轴轴线对纵滑板移动的　　　　图 4-15　尾座套筒轴线对纵滑板移动的
　　　　　平行度误差检测　　　　　　　　　　　　　平行度误差检测

⑤尾座套筒锥孔轴线对纵滑板移动的平行度误差检测

公差要求：最大工件回转直径≤800 mm；在垂直平面内 300 mm 测量长度上≤0.03 mm（只许向上偏）；在水平面内 300 mm 测量长度上≤0.03 mm（只许向前偏）。

检测器具与辅具：百分表及表座、检验棒。

检验方法：

如图 4-16 所示，顶尖套筒退出尾座内，并锁紧。在尾座套筒锥孔中，插入检验棒。将百分表固定在纵滑板上：在垂直面内，百分表测头接触检验棒外素线上最高点，记录百分表读数，移动纵滑板 300 mm，记录百分表读数，两读数之差即为尾座套筒锥孔对纵滑板移动在垂直平面内的平行度误差；在水平面内，百分表测头接触检验棒外素线水平方向上的最高点，用同样的方法移动纵滑板检验得到水平面内的平行度误差。拔出检验棒，旋转 180°，重新插入尾座顶尖套锥孔中，重复检验一次。垂直平面内两次测量结果的代数和之半就是垂直平面内平行度误差值。水平面内两次测量结果的代数和之半，就是水平面内的平行度误差值。

⑥刀架移动对主轴轴线的平行度误差检测

公差要求：最大工件回转直径≤800 mm；在 300 mm 测量长度上为 0.04 mm。

检测器具与辅具：百分表及表座、检验棒。

检验方法：

如图 4-17 所示，将检验棒插入主轴锥孔内，百分表固定在溜板刀架上，使其测头在水平面内触及检验棒。调整小刀架，使百分表在检验棒两端的读数相等。再将指示器测头在垂直平面内触及检验棒，移动小刀架检验。将主轴旋转180°，再同样检验一次。两次测量结果的代数和之半，就是平行度误差值。

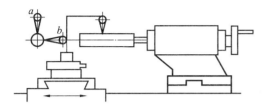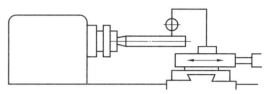

图4-16　尾座套筒锥孔轴线对纵滑板　　　　　　图4-17　刀架移动对主轴轴线的
　　　　　移动的平行度误差检测　　　　　　　　　　　　　平行度误差检测

（3）床头和尾座两顶尖的等高度误差检测

公差要求：最大回转直径≤800 mm，0.04 mm（只许尾座高）。

检测器具与辅具：检验棒、百分表及表座。

检验方法：

如图4-18（a）所示，在主轴与尾座顶尖间装入检验棒〔或置于两顶尖间，如图4-18（b）所示〕，将百分表固定在溜板上，使其测头在垂直平面内触及检验棒；将溜板移至适当位置，即在检验棒的两极限位置上进行检验；再移动百分表与检验棒上素线接触找到最高点（圆周截面Ⅰ上），记下 a 点百分表最高点读数；再将溜板移至尾座端，再移动百分表与检验棒上素线接触找到最高点（圆周截面Ⅱ上），记下 b 点百分表最高点读数；a、b 点百分表读数之差即为该项等高度误差值，且 a 点应该大于 b 点。

当最大工件长度小于或等于500 mm时，尾座应紧固在床身导轨末端。如果大于500 mm，则尾座应紧固在一半地方。检验时尾座顶尖套应退入尾座内，并锁紧。

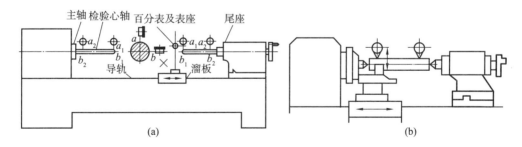

图4-18　床头和尾座两顶尖的等高度检测

（4）刀架移动对主轴轴线的垂直度误差检测

公差要求：最大回转直径≤800 mm，0.02 mm/300 mm（偏差方向：$\alpha > 90°$）。

检测器具与辅具：检验棒、百分表及表座、方箱。

检验方法一：

如图4-19所示，将平盘固定在主轴上。将百分表固定在横刀架上，使其测头触及平盘，移动横刀架进行检验。将主轴旋转180°，再用同样的方法检验一次。两次测量结果的代数和之半，就是垂直度误差值。

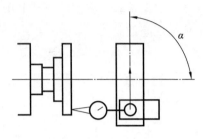

图4-19　刀架移动对主轴轴线的垂直度误差检测

检验方法二：

如图4-20所示，将百分表固定在主轴端面上，百分表触头与方箱左侧面接触。旋转主轴，使回转半径尽量大，找正方箱，百分表读数差值在横向最小时表示方箱已找正。

将百分表固定在横刀架上，使百分表触头与方箱右侧接触。摇动横向进给手柄，使百分表沿横向移动，百分表在方箱长度范围内的读数差即为该项误差值，且b点大于a点。

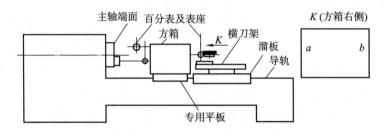

图4-20　横刀架横向移动对主轴轴线的垂直度误差检测

（5）跳动误差检测

①主轴的轴向窜动误差和主轴轴肩支承面的轴向圆跳动误差检测

公差要求：最大回转直径≤800 mm，主轴的轴向窜动误差≤0.01 mm；主轴轴肩支承面的端面圆跳动误差≤0.02 mm。

检测器具与辅具：钢球、指示器（百分表）和专用检具。

检验方法：

如图4-21所示，主轴的轴向窜动误差检测方法：将检验棒插入主轴锥孔中，根据检验棒端面顶尖孔的尺寸，选择一合适的钢球，粘一些润滑脂，放入顶尖孔内（便于放置，润滑脂一定要干净，否则影响检测结果）；固定指示器，使其测头触及插入主轴锥孔的检验棒端部钢球上；手动旋转主轴，同时沿主轴轴线加一力F，指示器读数的最大差值就是轴向窜动误差。

主轴轴肩支承面的端面圆跳动误差检测方法：固定指示器，使其测头分别触及轴肩支承面的端面垂直方向上下两点（图4-21下图），指示器读数的最大差值就是轴肩支承面的端面圆跳动误差。

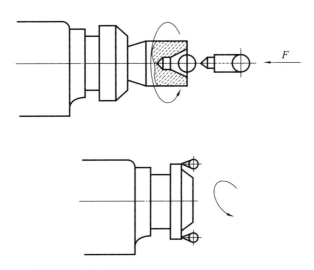

图 4－21 主轴的轴向窜动误差和主轴轴肩支承面的轴向圆跳动误差检测

②主轴定心轴颈的径向圆跳动误差检测

公差要求：最大回转直径≤800 mm，0.01 mm。

检测器具与辅具：百分表和表座。

检验方法：

如图 4－22 所示，安装百分表，使其触头垂直触及轴颈(包括圆锥轴颈)的表面；旋转机床主轴一周，百分表读数的最大差值就是径向圆跳动误差值。

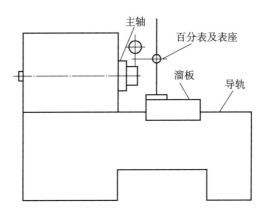

图 4－22 主轴定心轴颈的径向圆跳动误差检测

③主轴锥孔轴线的径向圆跳动误差检测

公差要求：最大回转直径≤800 mm；靠近主轴端面径向圆跳动误差≤0.01 mm；在 300 mm 测量长度上≤0.02 mm。

检测器具与辅具：检验心轴、百分表及表座。

检验方法：

将带有莫氏锥柄的检验棒插入主轴锥孔内。固定百分表，使其触头触及检验棒的表面；如图 4－23 所示，多次旋转主轴，并重复安装心轴使 a 点处读数最小，则心轴安装正确。此时百分表读数差即为靠近主轴端面径向圆跳动误差。将溜板移至 b 点，旋转机床主轴，百分表读数差即为在 300 mm 测量长度上的径向圆跳动误差。拔出检验棒，相对主轴旋转 90°。重新插入主轴锥孔内依次重复检验三次，靠近主轴端面径向圆跳动误差和在 300 mm 测量长度上的径向圆跳动误差分别计算，四次测量结果的平均值就是径向圆跳动误差值。

④顶尖的径向圆跳动误差检测

公差要求：最大回转直径≤800 mm，0.015 mm。

检测器具与辅具：专用顶尖、百分表及表座。

检验方法：

如图 4-24 所示，将专用顶尖插入主轴锥孔内，固定百分表，使其触头垂直触及顶尖锥面上（即注意百分表测量杆应垂直于锥面）。沿主轴轴线加一个力，旋转主轴检验，百分表读数除以 $\cos\alpha$（α 为锥体半角），就是顶尖的径向圆跳动误差值。

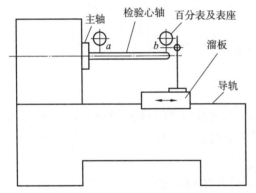
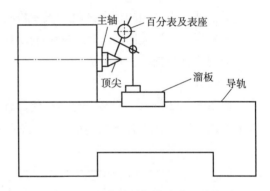

图 4-23　主轴锥孔轴线的径向圆跳动误差检测　　　　图 4-24　顶尖的径向圆跳动误差检测

在这里应该注意：有的教材中，在测量该误差时，"旋转机床主轴检验，百分表读数差即为该项误差"的前提是锥角比较小，轴向无窜动。因为，在检验主轴锥面的径向圆跳动时，若主轴有任何轴向移动，则被检验圆的直径就会变化（增大或减小），这时在锥面上测得的数值较实际增大（或减小）。因此，只有当锥度不太大时，才可直接在锥面上测取径向圆跳动的误差，否则，要预先测量主轴的轴向窜动，并根据锥角计算其对测量结果可能产生的影响。

（6）丝杠的轴向窜动误差检测

公差要求：最大回转直径≤800 mm，0.015 mm。

检测器具与辅具：钢球、百分表及表座。

检验方法：

如图 4-25 所示，丝杠装配完毕后，在丝杆的顶尖孔内涂抹上少许清洁的润滑脂，将一颗直径适当的 0 级精度钢球置于顶尖孔内，用润滑脂黏住，并使其紧贴顶尖孔 60°锥面；将百分表固定在机床床身导轨上，使其测头与丝杠顶尖孔内的钢球顶部接触；在丝杠的中段处闭合开合螺母，旋转丝杠检验。检验时，有托架的丝杠应在装有托架的状态下检验。

接通螺纹传动链，丝杠旋转一周后百分表读数的最大差值，就是丝杠的轴向窜动误差值。

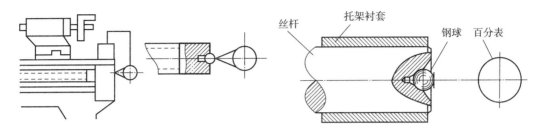

图4-25 丝杠的轴向窜动误差检测

（7）由丝杠所产生的螺距累积误差检测

公差要求：最大工件回转直径≤800 mm；最大工件长度≤2 000 mm；在任意300 mm测量长度内为0.04 mm；在任意60 mm测量长度内为0.015 mm。

检测器具与辅具：标准丝杠和电传感器、长度规、指示器和专用检具。

检验方法：

如图4-26所示，将不小于300 mm长的标准丝杠装在主轴与尾座的两顶尖间，电传感器固定在刀架上，使其测头触及螺纹侧面，移动溜板进行检验。

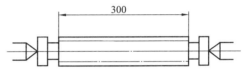

图4-26 丝杠所产生的螺距累积误差检测

电传感器在任意300 mm和任意60 mm测量长度内读数的差值就是丝杠所产生的螺距累积误差。

（二）车床工作精度的检验

1. 工作精度检验的通用要求

（1）车床的使用

工作精度检验用精车。例如：背吃刀量为0.1 mm，每转进给量为0.1 mm。不用粗车，因为粗车易产生相当大的切削力。

（2）对于局部误差的规定

如果实测长度和标准中规定的值不同，则给定的公差值应依据相关标准要求进行折算。公差的最小折算值是：对于精密级为0.005 mm，对于普通级为0.01 mm。

也就是说，几何形状公差和几何公差（位置和定位）通常在整个范围内与几何误差有关。例如：在1 000 mm测量长度上为0.03 mm，应注意检验时可能会出现这样的误差，即误差不是分布在整个（1 000 mm）形状和位置上，而是集中在一个小范围内（即局部，如200 mm）。如要避免这种实际上很少遇到的局部变化，则可对总公差附加一个局部公差的说明，或者用与总公差成比例的简单方法来确定，确定与总公差成正比的局部公差不应小于所规定的最小值（如0.01 mm或0.005 mm）。

（3）要求

工作精度检验应在工件或规定的试件上进行。与在制造的机床上加工零件不同，它不要求工序。对这些工件和试件的要求和简图应在该机床精度标准的"工作精度检验"中予以规定。对机床工作精度的评定应是检验机床的精加工的精度。

工件或试件的数目或切削次数等应视情况而定，使其能得出加工的平均精度。必要时，应考虑刀具的磨损。若有关标准未予明确，则用于工作精度检验的工件或试件的性质、尺寸、材料和要求达到的精度等级以及切削次数等应列为制造厂和用户间协议的必要内容。

2. 精车外圆的精度

公差要求：最大回转直径≤800 mm，靠近主轴端面径向圆跳动误差≤0.01 mm；在300 mm 测量长度上的径向圆跳动误差≤0.03 mm。

检测器具与辅具：外径千分尺或精密检验工具。

检验方法：

如图4－27所示，将圆柱试件（钢件）夹在卡盘中（或插在主轴锥孔中），精车三段直径如 d_{I}、d_{II}、d_{III}。用外径千分尺检验圆柱试件的圆度误差和圆柱度误差。图中：$D >$ 最大工件回转直径/8；$l_1 =$ 最大工件回转直径/2；$l_{1max} = 500$ mm；$l_{2max} = 20$ mm。

（1）圆度误差以试件同一横截面内的最大与最小直径之差计。例如：在 d_{II} 截面内"米"字测量法，测得 d_{II1}、d_{II2}、d_{II3}、d_{II4} 四个数值，假如第三个最大，为 d_{II3max}，第一个最小，为 d_{II1min}，那么该截面直径的差值即为 $\delta_2 = d_{II3max} - d_{II1min}$；三个截面直径的差值的最大值（假如第三截面直径的差值最大，即 δ_{3max}）即为圆柱试件的圆度误差值。

（2）圆柱度误差以试件任意轴向剖面内最大与最小直径之差计，即在整个试件上检测同一方向（水平方向或垂直方向）三段直径 d_{I}、d_{II}、d_{III}，最大值和最小值的差值，即为圆柱试件的圆柱度误差值。

3. 精车垂直于主轴的端面

公差要求：最大回转直径≤800 mm，0.03 mm/300 mm。

检测器具与辅具：平尺和量块或百分表（或杠杆百分表）及表座。

检验方法：

如图4－28所示，用一铸铁试件，夹在车床卡盘中精车端面，用平尺和量块检验，也可以用百分表（或杠杆百分表）检验。将安装好的百分表及表座固定在横滑板上，使其测头触及端面的后部半径上，移动横滑板检验，百分表读数的最大差值之半就是平面度误差值。

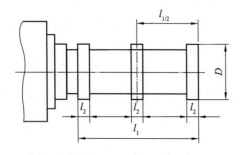

图4－27 精车外圆的精度示意图

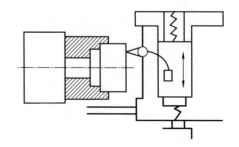

图4－28 精车垂直于主轴的端面示意图

4. 精车 300 mm 长螺纹的螺距

公差要求：公差要求：最大回转直径≤800 mm，0.04 mm/300 mm；在任意 60 mm 测量长度内为 0.015 mm。

检测器具与辅具：专用精密检验工具。

检验方法：

如图 4-29 所示，用一钢件试件，车一螺距与母丝杠相同，直径应尽可能接近母丝杠的 60°普通螺纹。精车后在 300 mm 和任意 60 mm 长度内进行检验。螺纹表面应洁净、无凹陷与波纹。

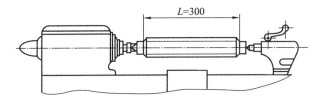

图 4-29 精车 300 mm 长螺纹的螺距示意图

(三)结论判定原则

对于几何精度检验和工作精度检验来说，只有当两者具有相同目的时，其结果才是可相比的。在某些情况下由于经济或技术上的困难，机床的精度可以仅用几何精度检验或仅用工作精度检验做出结论。

若几何精度检验和工作精度检验得出不同的结论，则以工作精度的检验结论为准。

某些情况下，工作精度检验可用相应标准中所规定的特殊检验来代替(如钻床以系统刚度检验代替工作精度检验等)。

第三节 成品检测

成品检测是一个产品从开始，经过加工、部装、总装，直到成品出厂的全过程中的最后一道综合性检测，是通过对成品的性能、几何精度、安全卫生、防护保险、外观质量等项目的全面检测和试验，根据检测试验结果综合评定被检测产品的质量等级的过程。

成品经检测合格后才准出厂。在特殊情况下，经用户同意或应用户要求，可在用户处进行检测。

一、成品检测方式

成品检测方式是不同的检测对象，在不同的条件和要求下，所采取的不同的检测方法和手段。检测方式多种多样。选择合适的检测方式，不仅可以获得真实的产品质量，还可以缩短检测周期，节约费用。机械产品常用的检测方式如下：

（1）按检测程序划分，有进货检测、过程检测、最终检测。

（2）按检测地点划分，有固定（集中）检测、就地检测、流动（巡回）检测。

（3）按检测目的划分，有生产检测、验收检测、复查检测、仲裁检测。

（4）按检测数量划分，有全数检测、抽样检测。

（5）按检测后果性质划分，有非破坏性检测、破坏性检测。

（6）按检测人员划分，有自我检测、互相检测、专职检测。

（7）按检测数据性质划分，有计量值检测、计数值检测。

对某一产品检测活动方式的选择，显然需要从上述几个方面中选取几方面（不可能是一个方面）的各一种方式进行。

二、成品检测方法

成品检测方法指成品检测时所采用的检测原理、检测程序、检测手段和检测条件的总体。因而，检测方法不符合要求，检测结果就不准确可靠，甚至会把合格产品误判为不合格品。成品检测方法通常分为感官检测、器具检测和试验性使用检测三种。如图 4 - 30 所示。

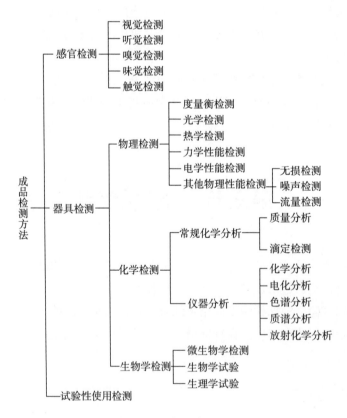

图 4 - 30　成品检测方法

1. 器具检测

器具检测是依据计量仪器、量具并应用物理和化学方法进行检测，以获得检测结果。检测过程如图 4 - 31 所示。

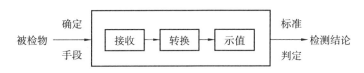

图 4 - 31　器具检测示意

在确定检测方法和选择检测手段时，一般应做到如下几点：

(1)凡有技术要求的必检项目，都要按规定确定检测方法和检测手段。

(2)应按被检测质量特性的精度等级选择相应精度的计量器具及辅助工具。

(3)根据生产批量大小选用专用或万能量具等。

(4)对计量器具严格进行周期检定，凡超周期或未检定的计量器具不得使用。

2. 感官检测

感官检测是指靠人的感觉器官(眼、耳、鼻、嘴、皮肤等)对产品质量特性进行评价和判定的活动。如机械产品的外形，油漆表面的颜色、光泽、伤痕，金属表面的污损、锈蚀，机械转动的声音，表面升温等，往往依靠人的感觉器官进行检查和评价。但感官检测受人的"条件"影响。如错觉、时空、误差、疲劳程度、训练效果、心理影响、生理差异等，在检测实施过程中应力求给予排除。

3. 试验性使用检测

试验性使用检测法也称实际使用效果检测。这种检测方法是观察产品在实际使用条件下其质量变化情况。在开发新产品、新材料、新工艺时，试验性使用检测具有重要意义。一是通过这种方法可判断用户是否接受，二是可以考核产品的实际质量如服装鞋类、电视机显像管、汽车的安全可靠性、金属材料耐腐蚀性等。为了缩短时间，有时用模拟的方法进行相似的环境或寿命试验，据此来代替试验性使用检测。但有时难以用实验室的试验结果来评估产品实际使用效果。世界发达国家很重视产品的实际使用效果的检测。

三、成品检测类型

成品检测分型式检测和成品出厂检测两种类型。

1. 型式检测

型式检测是为了全面考核产品的质量，考核产品设计及制造能否满足用户要求，检查产品是否符合有关标准和技术文件的规定，试验检查产品的可靠性，评价产品在制造业中所占的技术含量和水平。

凡遇下列情况之一，均应进行型式检测：

(1)新产品定型鉴定时。

(2)产品结构和性能有较大改变时。

（3）定期地考察产品质量。

（4）产品在用户使用时出现了严重的性能不可靠事故。

2. 成品出厂检测

正常生产的产品出厂检测是为了考核产品制造是否符合图样、标准和技术文件的规定。

四、成品检测内容

（一）一般要求

（1）成品检测时，注意防止冷、热、气流、光线和热辐射的干扰。在检测过程中，产品应防止受环境变化的影响，有恒温恒湿要求的产品，应在规定的恒温恒湿条件下进行检测，检具在使用前应等温。

（2）检测前，应将产品安装和调整好，一般应自然调平，使产品处于自然水平位置。

（3）在检测过程中，不应调整影响产品性能、精度的机构和零件，否则应复检因调整受影响的有关项目。

（4）检测时应按整机进行，不应拆卸整机，但对运转性能和精度无影响的零件、部件和附件除外。

（5）由于产品结构限制或不具备规定的测试工具时，可用与标准规定同等效果的方法代替。

（6）对于有数字控制的自动化或半自动化的产品，应输入一种典型零件加工程序，做较长时间的空运转，运转时应符合标准规定。

（二）外观质量的检测

（1）产品外观不应有图样未规定凸起、凹陷、粗糙不平和其他损伤，颜色应符合图样要求。

（2）防护罩应平整均匀，不应翘曲、凹陷。

（3）零部件外露结合面的边缘应整齐、均匀，不应有明显的错位，其错位量及不均匀量不得超过规定要求。门、盖与产品的结合面应贴合，其贴合缝隙值不得超过规定要求。电气和电气箱等的门、盖周边与其相关件应均匀，其缝隙不均匀值不得超过规定要求。当配合面边缘及门、盖边长尺寸的长、宽不一致时，可按长边尺寸确定允许值。

（4）外露的焊缝应修整平直、均匀。

（5）装入深孔的螺钉不应突出于零件的表面，其头部与沉孔之间不应有明显的偏心。固定销一般应略突出于零件表面。螺栓尾端应略突出于螺母的端面。外露轴端应突出于包容件的端面，突出时均为倒角。内孔表面与壳体凸缘间的壁厚应均匀对称，其凸缘壁厚之差不应超过规定的要求。

（6）外露零件的表面不应有磕碰、锈蚀；螺钉、铆钉和销子端部不得有扭伤、捶伤、划痕等缺陷。

（7）金属手轮轮缘和操纵手柄应有防锈镀层。

（8）镀件、发蓝件、发黑件色调应一致，防护层不得有褪色和脱落现象。

（9）电气、液体、润滑和冷却等管道的外露部分，应布置紧凑，排列整齐、美观，必要时应用管夹固定；管道不应产生扭曲，折叠等现象。

（10）成品零件未加工的表面，应涂以深色涂料，涂料应符合相应的标准要求。

（三）参数的检测

参数检测即根据产品的设计参数检测其制造过程能否达到要求，以及检测连接部件尺寸是否符合相应的产品标准规定。该项检测除在样机鉴定或做型式试验时进行外，平时生产允许抽查检测。

设计部门对产品的总重量、外观（形）尺寸应定期抽检。

（四）空运转试验

空运转试验是在无负荷状态下运转产品，检测各机构的运转状态、刚度变化、功率消耗、操纵机构动作的灵活性、平稳性、可靠性和安全性。

试验时产品的主运动机构应从最低速度起依次运转，每级速度的运转时间按规定要求进行。用交换齿轮、带传动变速和无级变速的产品可作低、中、高速运转。在最高速度时，应运转至足够的时间，使主运动机构轴承达到稳定温度。

进给机构应做依次变换进给量（或进给速度）的空运转试验。对于正常生产的产品，检测时可做低、中、高进给量（或进给速度）试验。

有快速移动机构的产品，应做快速移动的试验。

1. 温升试验

在主轴轴承达到稳定温度时，检测主轴轴承的温度和温升，其值均不得超过相应的标准规定。在达到稳定温度状态下应做下列检测：

（1）主运动机构相关精度冷热态的变化量。

（2）各部轴承法兰及密封部位不应有漏油或渗油。

（3）检查产品的各油漆面的变形和变化、变质等不良现象。

（4）检查产品中的新材料经升温后的材质变形对质量的影响情况。

2. 主运动和进给运动的检测

检测主运动速度和进给速度（进给量）的正确性，并检查快速移动速度（或时间）。在所有速度下，产品的工作机构均应平稳、可靠。

3. 动作试验

产品的动作试验一般包括以下内容：

（1）用一个适当的速度检测主运动和进给运动的起动、停止（包括制动、反转和点动）动作是否灵活可靠。

（2）检测自动机构（包括自动循环机构）的调整和动作是否可靠。

（3）反复变换主运动或进给运动的速度，检查变速机构是否灵活、可靠以及指示标牌的准确性。

（4）检查转位、定位、分度机构动作是否灵活、准确、可靠。

（5）检查调整机构、夹紧机构、读数指示装置和其他附属装置是否灵活、准确、可靠。

（6）检测装卸工件、刀具和附件是否灵活、可靠。

（7）与产品连接的随机附件（如卡盘、分度头、圆分度转台等）应在该产品上试运转，检查其相互关系是否符合设计要求。一些自动机（数控产品）还应按有关标准和技术条件进行动作和机能试验。

（8）检测其他操纵机构是否灵活、准确、可靠。

（9）检测有刻度装置的手轮反向空程量及手轮、手柄操纵力。空程量和操纵力应符合相应标准的规定。

（10）对数控产品应检测刀具重复定位、转动以及返回基准点的正确性，其量值应符合相关标准的规定。

4. 噪声检测

各类产品应按相应的噪声测量标准所规定的方法测量成品噪声的声压级，测量结果不得超过标准的规定。

5. 空运转功率检测

在产品主运动机构各级速度空运转至功率稳定后，检查主传动系统的空运转功率。对主进给运动与主运动分开的产品（如数控机床），必要时还要检查进给系统的空运转功率。

6. 电气、液压系统的检测

对电气、液压系统应进行检测。

电气全部耐压试验必须按有关标准规定做确保整个产品的安全保护。

对液压系统应全面检查高、低压力，防止系统的内漏或外漏。

7. 测量装置检测

成品和附件的测量装置应准确、稳定、可靠，便于观察、操作，视场清晰。有密封要求处，应设有可靠的密封防护装置。

8. 整机连续空运转试验

对于自动、半自动和数控产品，应进行连续空运转试验，整个空运转过程中不应发生故障。连续运转时应符合有关国家标准规定。试验时自动循环应包括所有功能和全工作范围。各次自动循环休止时间不得超过（内控标准除外）或低于规定要求。专用设备应符合设计规定的工作节拍时间或生产率的要求。

（五）负荷试验

负荷试验是检测产品在负荷状态下运转时的工作性能及可靠性，即加工能力、承载能力或拖引能力等及运转状态（指速度的变化、机械的振动、噪声、润滑、密封、制动等）。

1. 成品承载工件最大重量的运转试验（抽查）

在成品上装上设计规定的最大承载重量的工件，用低速及设计规定的高速运转机械成品，检查该产品运转是否平衡、可靠。

2. 产品主传动系统最大转矩的试验

（1）主传动系统最大转矩的试验。

（2）短时间超过规定最大转矩的试验。

试验时，在小于、等于产品计算转速范围内，选一适当转速，逐级改变进给量，使达到规定转矩，检测产品传动系统各传动元件和变速机构是否可靠、平稳和准确。

对于成批生产的产品，应定期进行最大转矩和短时间超最大转矩25%的抽查试验。

3. 切削抗力试验

（1）最大切削抗力的试验。

（2）短时间超过最大切削抗力25%的试验。

试验时，选用适当的几何参数的刀具。在小于或等于产品计算的转速范围内选一种适当转速，逐渐改变进给量或切削深度，使产品达到规定的切削抗力。检测各运动机构、传动机构是否灵活、可靠以及过载保险装置的安全性。

对于成批生产的产品，允许在2/3最大切削抗力下进行试验，但应定期进行最大切削抗力和最短时间超过最大切削抗力25%的抽查试验。

4. 产品主传动系统达到最大功率的试验（抽查）

选择适当的加工方式、试件（材料和尺寸）、刀具（材料和几何参数）、切削速度、进给量，逐步改变进给深度，使产品达到最大功率（一般为主电机的额定功率）。检测产品的结构和稳定性，金属切除率以及电气等系统是否可靠。

5. 抗振性切削试验（抽查）

一些产品除进行最大功率试验外，还应进行下列试验：

（1）有限功率切削试验（由于工艺条件限制而不能使用产品全部功率）。

（2）极限切削宽度试验。

根据产品的类型，选择适当的加工方式、试件（材料和尺寸）、刀具（材料和几何参数）、切削速度、进给量进行试验，检测产品结构的稳定性，一般不应有振动现象。应注意每个产品传动系统的薄弱环节要重点试验。

6. 传动效率试验（仅在型式检测时进行）

产品加载至主电机达到最大功率时，利用标准规定的专门仪器检测产品主传动系统的传动效率。注意事项如下：

（1）不需要做负荷试验的产品，应按专门的规定进行。

（2）2～5条所列的切削试验，也可以用仪器代替，但必须定期用切削试验方法进行抽查。

（3）工件最大重量、最大扭矩和最大切削抗力均指设计规定的最大值。

（六）精度检测

成品精度检测是为了检测产品各种要素对加工工件精度的影响。

1. 几何精度、传动精度检测

按各种类型（规格）产品精度标准、质量分等标准、制造与验收技术条件、企业或地方制定的内控标准等有关标准的规定进行检测。检测时，按设计规定产品所有零部件必须装配齐全，应调整部位要调整到最佳位置并锁定，各部分运动应手动，或用低速机动。负荷试验前后均应检测成品的几何精度。不做负荷试验的成品在空运试验后进行。最后一次精度的实测数值记入合格证明书中。

2. 运动的不均匀性检测

按有关标准的规定进行检测或试验。

3. 振动试验（抽查）

按有关标准的规定进行试验。

4. 刚度试验（抽查）

在相关的主要件做改动时，必须做刚度试验。按有关标准的规定进行检测。

5. 热变形试验

在精度检测中对热变形有关的项目，按标准的规定进行检测，并考核其热变形量。

6. 工作精度检测

按各种类型产品精度等有关标准的规定进行检测。工作精度检测时应使产品处于工作状态（按规定使主运动机构运转一段时间，使其温度处于稳定状态）。

7. 其他精度检测

按有关技术文件的规定进行检测。

注意事项：不需要全面做精密检测试验的产品，应按专门的规定进行。

（七）工作试验

成品的工作试验是检测产品在各种可能的情况下工作时的工作状况。

（1）通用产品和专门化产品应用不同的切削规范和加工不同类型试件的方法进行试验（一般在型式试验时进行）。

（2）专用产品应在规定的切削规范和达到零件加工质量的条件下进行试验。一般专门化产品也还应进行本项试验。

进行工作试验时，成品的所有机构、电气、液压、冷却、润滑系统以及安全防护装置等均应工作正常。同时，还应检查零件加工精度（表面粗糙度、位置精度等）、生产率、振动、噪声、粉尘、油雾等。

（八）寿命试验

成批生产的产品，应在生产厂或用户进行考核或抽查其寿命情况，并应符合下列要求：

（1）在两班工作制和遵守使用规则的条件下，产品精度保持在规定的时间内的时间及产品到第一次大修的时间不应少于规定要求。

（2）重要及易磨损的导轨副应采取耐磨措施，并符合有关标准的要求。对主轴、丝杠、蜗轮副的高速、重载齿轮等主要零件也应采取耐磨措施，以提高其寿命。

（3）导轨面、丝杠等容易被尘屑侵人的部位，应设防护装置。

（九）其他检（试）验

按订货协议或技术条件中所规定的内容进行检测。例如，有的机械产品要求作耐潮、防腐、防霉、防尘、排放等检测。

（十）出厂前的检测

产品在出厂前要按包装标准和技术条件的要求进行包装，一般还应进行下列检测：

1. 涂漆后包装前进行商品质量检测

（1）检测商品的感观质量，外部零件整齐无损伤、无锈蚀。

（2）各表面不应存在锐角、飞边、毛刺、残漆、污物等。

（3）各零部件上的螺钉及其紧固件等应紧固，不应有松动的现象。

（4）种铭牌、指示标牌、标志应符合设计和文件的规定要求。

2. 包装质量应检查的内容

（1）各导轨面和已加工的零件的外露表面应涂防锈油。

（2）随机附件和工具的规格数量应符合设计规定。

（3）随机文件应符合有关标准的规定，内容应正确、完整、统一、清晰。

（4）凡油封的部位还应用专用油纸封严，随机工具也应采取油封等防锈措施。

（5）包装箱材料的质量、规格应符合有关标准的规定。

（6）包装箱外的标志字迹清楚、正确，符合设计文件和有关标准的要求。出口商品要特别注意检查包装箱标志的正确性。

3. 开机检测

必要时开机检测某些项目，特别是在仓储间放置时间较长的机电产品，更应该这样做。

第四节　包装检验

包装检验的目的是：防止在运输过程中，因野蛮装卸、降雨、环境潮湿等使产品损坏、绝缘电阻下降甚至引起漏电、产品表面生锈等现象。产品有的采用裸包装，但大多数应采用各种包装。

包装检验的内容有：防水包装、防锈包装、防潮包装检验，大型运输包装件检验。依据标准为：GB/T 4857.9《包装　运输包装件　第9部分　喷淋试验方法》、GB/T 4857.12《包装　运输包装件　浸水试验方法》、GB/T 4879《防锈包装》、GB/T 5048《防潮包装》、GB/T 5398《大型运输包装件试验方法》、GB/T 7350《防水包装》等。

一、防水包装试验

防水包装是为了防止机械电子产品在流通过程中因雨水侵入而影响产品质量所采取的保护措施，其他产品也可参照使用。

（一）防水包装等级

防水包装等级的选择应根据产品的性质、流通环境和可能遇到的水侵害等因素来确定。防水包装等级及试验方法详见表 4－4。

表 4－4　防水包装等级及试验方法

类　别	级　别	要　求
A 类	1 级包装	按 GB/T 4857.12 做浸水试验，试验时间 60 min
	2 级包装	按 GB/T 4857.12 做浸水试验，试验时间 30 min
	3 级包装	按 GB/T 4857.12 做浸水试验，试验时间 5 min
B 类	1 级包装	按 GB/T 4857.9 做喷淋试验，试验时间 120 min
	2 级包装	按 GB/T 4857.9 做喷淋试验，试验时间 60 min
	3 级包装	按 GB/T 4857.9 做喷淋试验，试验时间 5 min

防水包装选择原则为：在储运过程中环境恶劣，可能遭到水害，并沉入水面以下一定时间，可选 A 类 1 级；在储运过程中环境恶劣，可能遭到水害，并短时间沉入水面以下，可选 A 类 2 级；在储运过程中包装件的底部或局部可能短时间浸泡在水中，可选 A 类 3 级包装。要注意的是，级别的选择是根据包装件可能沉入水面的时间长短来确定的。

进行防水包装检验时，应根据可遇年降雨量及最大降雨强度来选择。台湾玉山年平均降雨量 3 000 mm，是我国极大值；新疆托克逊 15 mm，为极小值。南方的要求高于北方，东方高于西方，沿海高于内地。

包装件在储运过程中基本露天存放，可选 B 类 1 级包装；在储运过程中部分时间露天存放，可选用 B 类 2 级包装；在储运过程中可能短时间遇雨，可选用 B 类 3 级包装。

（二）技术要求

应保证产品出厂一年内，不因包装不善而使产品因渗水而影响其正常使用；防水包装一般用在外包装或内包装上；容器在装填产品后应封缄严密；包装箱的通风孔，应有防雨措施。

包装箱材料应具有良好的防水性能，有一定的强度、防老化、防污染、防虫咬、防疫病等性能。

（三）试验方法和要求

A 类包装应按 GB/T 4857.12 进行试验，B 类应按 GB/T 4857.9 试验。试验完毕后，外包装容器应无明显变形。箱面标志应牢固、清晰。

包装件的防水密封程度，应达到下列要求之一：包装件无渗水、漏水现象（不允许有漏水现象，用于要求高的产品）；包装件无明显渗水现象（可以有不明显的渗透，用于要求较高的产品）；外包装无明显漏水现象，内包装上不应出现水渍。

二、防潮包装试验

防潮包装是为了保护机械电子产品在流通中不受潮湿大气侵害所采取的保护措施。

(一)防潮包装等级

防潮包装等级应根据产品性质、流通环境、储运时间、包装容器等因素确定。防潮包装等级详见表4-5。

表4-5　防潮包装等级

级　别	要　求		
	防潮期限	温湿度条件	产品性质
1级包装	1~2年	温度大于30℃，相对湿度大于90%	对湿度敏感，易生锈长霉和变质的产品，重、精密的产品
2级包装	0.5~1年	温度在20℃~30℃之间，相对湿度在70%~90%之间	对湿度轻度敏感的产品，较重、较精密的产品
3级包装	0.5年内	温度小于20℃，相对湿度小于70%	对湿度不敏感的产品

(二)技术要求

湿度是空气中含水量的大小，有绝对湿度、相对湿度。和降雨量一样，湿度和地理位置也有很大关系，南方高于北方，东方高于西方，夏季高于冬季。应根据地理位置和运输要求来选择防潮等级。

对防潮包装的要求为：应确定防潮包装等级，并按等级进行包装；产品在包装前应是干燥和清洁的；产品有尖突部时，应采取措施，以防损坏包装；防止产品在运输中发生移动，支撑和固定应尽量放在防潮阻隔层的外部；在进行防潮包装时还有其他防护要求，应按其他包装标准的规定采取相应的措施；在防潮包装的有效期内，包装容器内空气相对湿度不得超过60%(25℃)。

包装材料应符合标准的要求，如材料的透水蒸气性、透湿度等。所用材料应是干燥的，缓冲和衬垫材料应为不吸湿的或吸湿性小。干燥剂分别装入布袋或纸袋中，放在包装容器最合适的一个或多个位置上。

(三)试验方法和要求

封口热合强度应大于30 N/5 cm²，试验方法见GJB 145A《防护包装规范》。

软包装的防潮包装件的密封性能试验按GB/T 15171《软包装件密封性能试验方法》进行，不得有针孔、裂口及封口开封等缺欠。

防潮包装性能试验按GJB 145A中的周期暴露试验进行。1级包装可选择试验B，2级和3级包装可选择试验A。试验后包装件内的空气相对湿度应不超过60%(25℃)。

三、防锈包装试验

防锈包装是为了防止产品金属在流通过程中发生化学变化引起锈蚀而影响质量所采用的保护措施。

防锈的方法有：间接和直接防锈。间接防锈为不直接对产品的金属进行防锈处理的方法；直接防锈为将防锈物质直接涂覆在产品金属表面的方法。

影响产品锈蚀的因素很多，如钢铁中其他化学元素的含量，空气的腐蚀性组分如酸、碱、盐的影响(大海边500 m内的大气往往具有较强腐蚀性)，工人手上的汗水等均可能引起工件腐蚀。

(一)防锈包装等级

防锈包装等级应根据产品的抗锈蚀能力、流通环境、包装容器的结构、包装材料的一般性能来确定。防锈包装等级详见表4-6。

表4-6 防锈包装等级

级 别	防锈期限	要 求
1级包装	3~5年内	水蒸气很难透入，透入的微量水蒸气被干燥剂吸收。经防锈包装的清洗、干燥后，产品表面完全无油污、水痕
2级包装	2~3年内	仅少量水蒸气可透入。经防锈包装的清洗、干燥后，产品表面完全无油污、汗迹和水痕
3级包装	2年内	有部分水蒸气可透入。经防锈包装的清洗、干燥后，产品表面无污物及油痕

(二)技术要求

应确保在期限内产品不产生锈蚀；防锈包装操作过程应连续，若中断时应采取暂时性的防锈处理；在包装过程中应防止汗水等有机污染物对产品造成影响；应在接近室温时进行防锈处理。

间接防锈可采用下列材料：干燥剂或气相缓蚀剂；直接防锈可采用防锈油、防锈脂、防锈纸、防锈剂等。

包装材料应符合相应标准的要求。防锈包装操作应在清洁、干燥、温差变化小的环境中进行。

(三)包装方法

包装方法应根据下列条件确定：产品的特征与表面加工的程度；运输与贮存的期限；运输与贮存的环境条件、包装件所承受的载荷程度；防锈包装等级。

(四)试验要求

防锈包装试验按 GJB 145A 中的周期暴露试验 A 进行。周期暴露试验完成后。启封检查内装产品和所选材料有无锈蚀、老化、破裂或其他异常变化。

四、大型运输包装件试验

产品外形尺寸较大时，应视为大型运输包装件。大型运输包装件进行试验时，应根据实际在标准规定的多项试验方法中选择一些试验内容，而非全部项目，以降低成本。

（一）试验原理

试验采用环境模拟方式，重现包装件在流通时因跌落、堆码、起吊等引起的危害。方法为采用起重机等对包装件实际起吊，观察包装是否有损坏。

（二）试验设备

可采用起重机等设备，应保证工作正常、操作灵敏。起升用钢丝绳应经常进行检查，能保证不会在试验时断裂。

（三）试验方法

主要有跌落试验、堆码试验和起吊试验。而跌落试验又可分为面跌落试验、棱跌落试验和角跌落试验。

1. 跌落试验

（1）面跌落试验为将样品按预定状态放在规定的冲击台面上，用起重机将其提到预定的高度，使其自由落下，产生冲击。如图 4-32 所示。

（2）棱跌落试验为将样品按规定的状态放在冲击台面上，提起一端至垫木或其他支撑物上，再提起另一端至规定高度后，使样品自由落下。垫木和样品长度方向垂直，跌落时两端面间无支撑，在提起另一端准备跌落试验时，不应使样品在垫起处产生滑动。如图 4-33 所示。

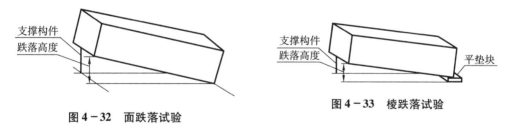

图 4-32 面跌落试验　　　　图 4-33 棱跌落试验

（3）角跌落试验为按规定将样品一端垫起，将高 100~250 mm 的垫块放在已被垫一端的一个角下面，再将该角相对的底角提起到预定高度，使样品自由落下，产生冲击。

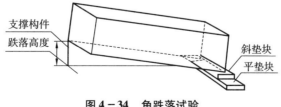

图 4-34 角跌落试验

2. 堆码试验

目的是考核包装件顶、侧面承载能力，分为顶面承载试验和侧面承载试验。

顶面承载试验是：将底面尺寸为 250 mm×250 mm 的重物放置在样品顶部，施加预定的均布载荷，载荷误差应不大于预定值的 2%，重物位置应在顶面的侧边和端边以内。

3. 起吊试验

用起重机对样品进行起吊，当包装件质量不大于 10 t 时，起升速度为 18 m/min；质量大于 10 t 时，起升速度为 9 m/min。可用传感器或传统测量方法对起升速度进行检测。

将钢丝绳置于样品底面的预定起吊位置(此位置应明确标示在包装上)。钢丝绳与样品顶面之间的夹角为 45°~50°。用起吊装置以上述速度提升至一定高度后(约 1.0~1.5 m)，以紧急起升和制动的方式反复上升、下降和左右旋转 5 min，再以上述速度下降至地面。此项试验应重复 3~5 次。

4. 倾翻试验与滚动试验

分别按 GB/T 4857.14 和 GB/T 4857.6 进行试验。

5. 喷淋试验

按 GB/T 4857.9 进行试验。

(四)试验报告内容

试验报告应包括下列内容：内装物的名称、尺寸、数量、性能等，若内装模拟物时应加以说明；样品的数量；包装容器的名称、尺寸、结构和材料规格，附件、缓冲衬垫、支撑物、封口、捆扎状态及其他措施；样品与内装物的质量；预处理时的温度、相对湿度和时间；试验场地的温度和相对湿度；试验所用设备、仪器类型；试验样品的预定状态(如跌落高度、重物质量等)；试验样品、试验顺序与试验次数；记录试验结果，并提出分析报告；说明试验方法与本标准的差异；试验日期、试验人员签字、试验单位盖章等。

复习思考题

1. 表面处理的基本方法有哪四类？
2. 简述表面处理的主要检验项目。
3. 简述机床和设备验收概要。
4. 叙述直角尺(或方尺)打表检测导轨垂直度的检验法。
5. 简述车床工作精度检验通用要求的内容。
6. 车床的跳动误差检验有哪几项要求？
7. 车床几何精度检验和工作精度检验结论的判定原则是什么？
8. 为什么要进行涂镀层及包装检验？
9. 常用的涂层检验的方法有哪些？
10. 电镀件的质量检验方法有哪些？
11. 为什么要进行包装检验？其检验内容有哪些？

参 考 文 献

［1］国家质量监督检验检疫总局质量管理司. 质量专业基础知识与实务［M］. 北京：中国人事出版社，2014.

［2］李德涛. 质量检验基础［M］. 北京：中国标准出版社，2008.

［3］张公绪，孙静. 质量工程师手册：第2版［M］. 北京：企业管理出版社，2003.

［4］薛岩，于明. 机械加工精度测量与质量控制［M］. 北京：化学工业出版社，2015.

［5］田晓. 机械产品质量检验：第2版［M］. 北京：中国质检出版社，2016.

［6］尹建山. 机械产品检验工：高级［M］. 北京：机械工业出版社，2016.

［7］李新勇，赵志平. 机械制造检测技术手册［M］. 北京：机械工业出版社，2011.